高等职业教育园林工程技术专业系列教材

园林工程 CAD

第 2 版

主　编　李保梁　张广进

副主编　李法红　来雨静　王学环　于超群

参　编　孟　丽　王莉曼　岳良冰　李延松

机械工业出版社

本书适应现代职业教育发展新特点，教材和学材充分融合，编排结构清晰。全书由易到难分为四个学习情境，包括：操作准备、绘制简单图形、绘制复杂图形、打印输出，每个教学情境采用任务驱动加工作手册的学习方式。工作手册是对教学任务有关问题答疑、命令运用、绘图技巧等碎片化知识点综合补充，从 AutoCAD 的基本操作到绘制技巧，将最新功能融合在园林工程制图工作中。结合课后练习和综合实训，帮助学生巩固学习的效果。

本书可作为高职院校园林工程、建筑设计、环境艺术设计、建筑装饰及相关专业的教学用书，还可作为培训中心职业教育培训教材。

图书在版编目（CIP）数据

园林工程 CAD/李保梁，张广进主编. —2 版. —北京：机械工业出版社，2023. 3

高等职业教育园林工程技术专业系列教材
ISBN 978-7-111-72401-8

Ⅰ. ①园…　Ⅱ. ①李…　②张…　Ⅲ. ①园林设计-计算机辅助设计-AutoCAD 软件-高等职业教育-教材　Ⅳ. ①TU986. 2-39

中国国家版本馆 CIP 数据核字（2023）第 044493 号

机械工业出版社（北京市百万庄大街 22 号　邮政编码 100037）
策划编辑：王靖辉　　　　　　责任编辑：王靖辉　陈紫青
责任校对：张晓蓉　张　征　　封面设计：马精明
责任印制：李　昂
北京捷迅佳彩印刷有限公司印刷
2023 年 11 月第 2 版第 1 次印刷
184mm×260mm · 13 印张 · 317 千字
标准书号：ISBN 978-7-111-72401-8
定价：56. 00 元

电话服务　　　　　　　　　　网络服务
客服电话：010-88361066　　　机 工 官 网：www. cmpbook. com
　　　　　010-88379833　　　机 工 官 博：weibo. com/cmp1952
　　　　　010-68326294　　　金 书 网：www. golden-book. com
封底无防伪标均为盗版　机工教育服务网：www. cmpedu. com

　　AutoCAD 是由美国 Autodesk（欧特克）公司设计开发的一款图形设计软件，拥有人性化界面和多文档设计环境，能够支持演示图形、渲染工具、绘图和三维打印等功能，国内大多景观类软件也以此为平台进行二次开发。CAD 较多用于图形文件的基本绘制，如平面方案设计、施工图绘制等。

　　本书主要以 AutoCAD 2018 为背景，通过大量工程实例介绍软件的基本操作，并将 Auto-CAD 2022 的最新功能融合在建筑与规划设计制图当中。本书详细介绍了该软件在园林工程、景观建筑中制作平面方案和施工图的方法和技巧，使读者有的放矢地掌握计算机绘制园林景观图形的知识和技能，帮助老用户实现新老软件的转换。

　　本书依据工作为导向划分为四个教学情境，采用任务驱动加工作手册的学习方式。本书结构清晰，语言简练，叙述深入浅出。命令学习由单一到综合，任务示例由简单到复杂，任务精简明了。为做到有的放矢，每一任务又分解细化为多个任务点进行课堂实训。本书通过工程实例从简单的图形绘制到最后的打印输出，为初级、中级用户提供了一个能直接接触工程实例的机会。

　　本书由山东城市建设职业学院李保梁、张广进任主编，由山东城市建设职业学院李法红、来雨静、王学环、于超群任副主编，编写分工如下：教学情境一由李保梁编写，教学情境二的任务一~任务三由于超群编写，任务四~任务六主要由山东城市建设职业学院王莉曼编写，工作手册主要由山东城市建设职业学院孟丽完成，教学情境三的任务一、二由李法红编写，任务三由来雨静编写，工作手册主要由张广进完成。教学情境四由王学环编写，济南市园林和林业科学研究院岳良冰、济南山水麦田景观规划设计有限公司李延松编写工程案例。

　　书中个别图例取自于国家规范图集和网络共享资料下载。由于篇幅有限，AutoCAD 软件中有些功能没有充分展开介绍，请读者谅解，欢迎广大读者批评、指正。

编　者

二维码视频列表

序号	位置	二维码	页码	序号	位置	二维码	页码
1		打开软件并创建图形文件	1	7	教学情境一	任务二	简单编辑图形、保存图形	18
2		观察软件界面、调用工具栏	1	8		任务一	绘制图签	29
3	任务一	打开一个文件	3	9			绘制双开门立面图	32
4	教学情境一	观察图形和关闭图形	5	10	教学情境二	任务二	绘制双开门平面图	35
5			绘制直线图形	16	11			绘制楼梯轴线	37
6	任务二	命令输入	17	12	任务三	绘制楼梯间墙体	38

（续）

序号	位置	二维码	页码	序号	位置		二维码	页码
13	教学情境二	绘制楼梯间窗户	40	19	教学情境二	任务五	圆形地面铺装的第一种绘制方法	54
14		绘制楼梯踏步线与楼梯井	40	20			圆形地面铺装的第二种绘制方法	54
15	任务三	绘制楼梯上下箭头	45	21		任务六	自由曲线模纹花坛的第一种绘制方法	56
16		楼梯平面的另一种绘制方法	46	22			自由曲线模纹花坛的第二种绘制方法	56
17	任务四	欧式圆拱门的第一种绘制方法	47	23		工作手册	点的捕捉及点的追踪	60
18		欧式圆拱门的第二种绘制方法	47	24			辅助方式精确绘制	61

（续）

序号	位置		二维码	页码	序号	位置	二维码	页码
25	教学情境三	任务一	绘图环境设置	82	31	教学情境三	场地的绘制	92
26			轴线的绘制	84	32		尺寸标注	102
27			绘制园路	85	33		标高标注	103
28			绘制步石路	89	34		文字、图名、指北针、比例尺标注	105
29			水体的绘制	90	35	任务二	绘制乔木	107
30			等高线的绘制	91	36		绘制绿篱	108

（续）

序号	位置		二维码	页码	序号	位置		二维码	页码
37	教学情境三	任务二	绘制树丛	108	43	教学情境三	工作手册	设置标注样式	141
38			绘制图案式植物	110	44	教学情境四	任务一	在模型空间中打印图纸1	152
39			中心广场植物配置	110	45			在模型空间中打印图纸2	152
40			苗木统计	111	46			在模型空间中一纸多比例打印出图1	153
41			绘制苗木表	113	47			在模型空间中一纸多比例打印出图2	154
42		任务三	绘制园林建筑小品平面图	117	48			在模型空间中一纸多比例打印出图3	158

（续）

序号	位置		二维码	页码	序号	位置		二维码	页码
49	教学情境四	任务一	在模型空间中利用注释特性一纸多比例打印出图 1	159	55	教学情境四	任务二	在布局空间中总图打印多张成套图纸 5	174
50			在模型空间中利用注释特性一纸多比例打印出图 2	160	56			在布局空间中总图打印多张成套图纸 6	174
51		任务二	在布局空间中总图打印多张成套图纸 1	170	57			在布局空间中总图打印多张成套图纸 7	174
52			在布局空间中总图打印多张成套图纸 2	171	58			在布局空间中总图打印多张成套图纸 8	178
53			在布局空间中总图打印多张成套图纸 3	171	59			在布局空间中总图打印多张成套图纸 9	178
54			在布局空间中总图打印多张成套图纸 4	173	60			在布局空间中总图打印多张成套图纸 10	179

（续）

序号	位置		二维码	页码	序号	位置		二维码	页码
61	教学情境四	任务二	在布局空间中—纸多比例打印出图1	180	65	教学情境四	任务二	在布局空间中—纸多比例打印出图5	182
62			在布局空间中—纸多比例打印出图2	181	66			在布局空间中—纸多比例打印出图6	183
63			在布局空间中—纸多比例打印出图3	181	67			在布局空间中—纸多比例打印出图7	183
64			在布局空间中—纸多比例打印出图4	181					

目 录

教学情境一

操 作 准 备

◎ **教学目标**

　　1. 知识目标：了解园林工程设计制图规范；熟悉建筑制图标准的相关内容。

　　2. 能力目标：学习软件界面操作，能初步利用命令输入方法，为绘制简单图形打好基础。

　　3. 素质目标：培养对设计认真负责的工作态度、严谨求实的鲁班精神，利用课后练习题宣扬社会主义核心价值观。

任务一　创建新图形

任务描述

　　创建图形文件，观察软件界面，学会打开、观察并关闭图形文件。

任务实施

　　1. 打开软件并创建图形文件

　　打开软件进入屏幕窗口，可以通过"了解"选项卡进行学习，"创建"选项卡开始工作。进入"创建"选项卡页面"快速入门"选项，单击"开始绘制"按钮进入绘图界面，如图1-1所示。此时系统默认创建一个图形文件名称为"Drawing1"的文件选项卡。也可以通过快速访问工具栏点击"新建"按钮创建新的文件"Drawing2"。

打开软件并
创建图形文件

　　2. 观察软件界面

　　软件界面划分为功能选项区、绘图视口区、命令状态区三大区域。绘图视口区的顶部是功能选项区，包含命令和工具，适合初学者使用。绘图视口区下面为命令状态区。

　　1）显示选项卡。在AutoCAD的主界面上，所占区域最大的便是绘图区，也称为视图窗口（以下简称视口）。视口相当于手工绘图时所用的绘图纸，可以在其中进行图形绘制。为了使工作空间视口最大化，可以简化

观察软件界面、
调用工具栏

1

选项卡。勾选"最小化为选项卡""最小化为面板标题""最小化为面板按钮"，也可以勾选"循环浏览所有项"，多次单击按钮依次显示最小化模式，如图 1-2 所示。

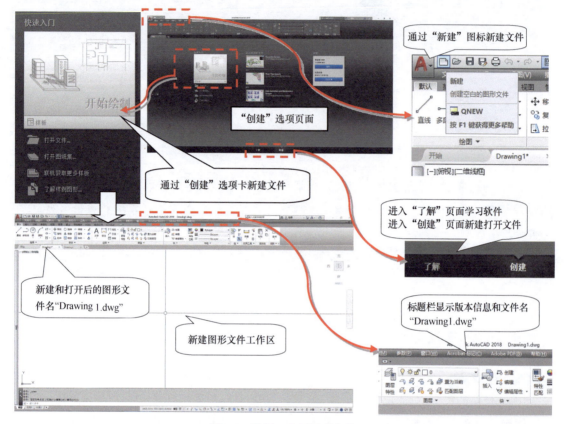

图 1-1　绘制一个新图形文件

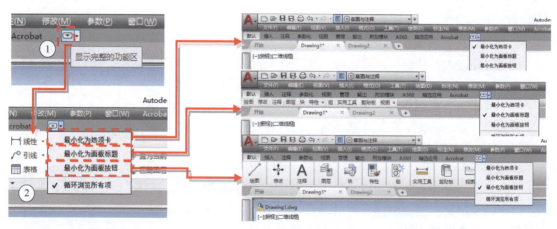

图 1-2　简化选项卡

2）视口全屏显示模式。单击屏幕右下方的全屏显示开关图标 ，或通过"Ctrl+0"组合键可以使主界面变为全屏显示模式，如图 1-3 所示，界面将只保留快速访问工具栏和视口。

图 1-3 全屏显示

3. 调用工具栏

1）取消功能区选项面板。为使视口最大化，可以取消标准选项卡式功能区，只显示菜单栏，如图 1-4 所示，依次单击"工具"菜单→"选项板"→"功能区"。取消功能区选项面板后，类似于全屏显示方式。此时软件图标式的命令被隐藏起来，可通过快捷键快速调用命令。

图 1-4 显示和关闭功能区

2）选择工具栏。如图 1-5 所示，依次单击"工具"菜单→"工具栏"，然后选择 AutoCAD 所需的工具栏。调出的工具栏可以随时浮动、固定、删除，浮动工具栏也可拖动定位在视口的任意位置。关闭选项功能区后创建出经典模式。

4. 打开一个文件

方法一：通过"开始"→"创建"→"快速入门"或快速访问工具栏打开图形，如图 1-6 所示。

方法二：在快速访问工具栏选择"打开"命令，在"选择文件"对话框下拉列表框中选择所要打开的图形文件，双击文件或单击"打开"按钮，打开已有文件"图形观察 .dwg"。

打开一个文件

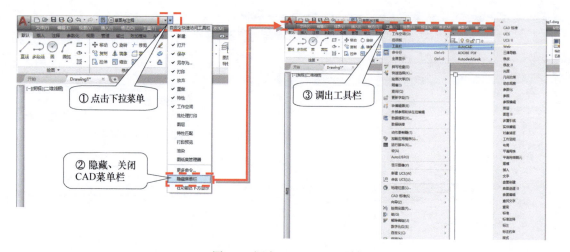

图 1-5　调出 AutoCAD 工具栏

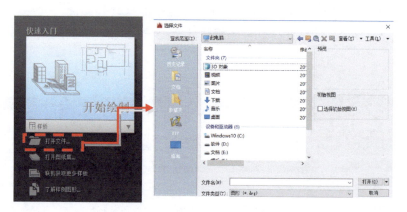

图 1-6　"快速入门"打开图形

方法三：直接单击"应用程序"按钮 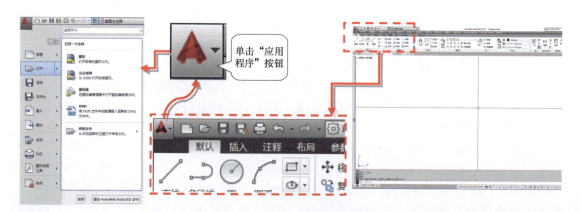 进行操作，如图 1-7 所示的"新建""打开""保存""打印""放弃"等。

图 1-7　"应用程序"按钮

方法四：键盘快捷命令"Ctrl+O"。

提示： AutoCAD 通过光标显示当前工作点的位置。当 AutoCAD 选择屏幕上的对象时，光标会变成一个小的拾取靶。初学者往往在没有命令输入的情况下在绘图区中误点鼠标按键，会拉出类似橡皮筋的矩形选择框，造成命令行不能输入命令，也不能进行其他操作的现象，这时应按功能键"Esc"使之恢复正常。

5. 观察图形和关闭图形

系统初始默认视口只有一个，软件遵从一个绝对坐标系统。视口没有边界，可以被无限放大、缩小或平移，视口中的图形大小不会发生任何变化。视口的右边有个滚动条，可使视口上下移动，便于用户观察。可以通过以下方法进行图形观察。

观察图形和
关闭图形

1）利用鼠标操作。利用鼠标上的滚轮可以更改视图，在视口中按鼠标中间滚轮可以平移视口，滚动鼠标滚轮可以观察视口缩放。

2）利用 ViewCube 工具（图 1-8）。利用 ViewCube 工具可以得到任意方向的投影视图，包括平行投影和透视投影。

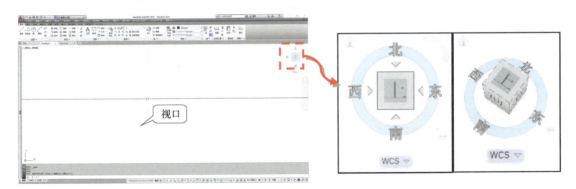

图 1-8 ViewCube 工具

3）单击导航栏工具（图 1-9）。可根据需要设定并显示在视口右边，单击缩放、平移等图标观察图形。

4）输入命令观察。图形观察操作常常用到缩放（Zoom）和平移（Pan）命令。缩放和平移不会改变图形的实际大小尺寸。可在命令提示行（图 1-10）输入命令缩写方式"Z"（缩放）或"P"（平移），根据命令操作提示输入命令。例如输入缩放命令"Z"后输入"A"，按"Enter"键后图形被全部显示到视口中。

5）通过"视口配置"观察调整。通过"视图"选项卡中的"视口配置"（图 1-11）或视口右上角的"视口控件"（图 1-12）选择"四个：相等"，界面出现 4 个视口。单击任意视口，则该视口边框加粗成为当前视口，当进行绘图和修改时，其他视口中的图形会同步变化。然后依次利用视口控件、视图控件、视觉样式控件调整视口，得到平面图、侧立面图、正立面图和透视图。

6）关闭、保存图形。在完成绘图操作后关闭 AutoCAD，此时可以单击右上角的 ⊠ "关闭"按钮，也可以在"文件"菜单中选择"关闭"命令。当关闭一个已经修改过的图形文

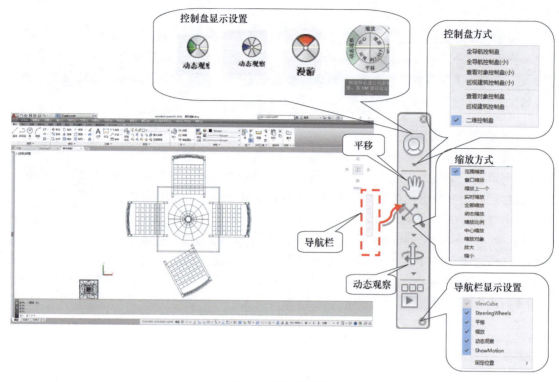

图 1-9　导航栏工具

图 1-10　命令提示行

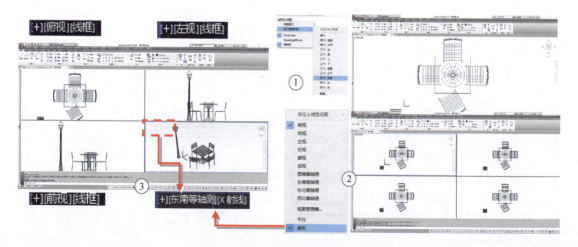

图 1-11　视口配置

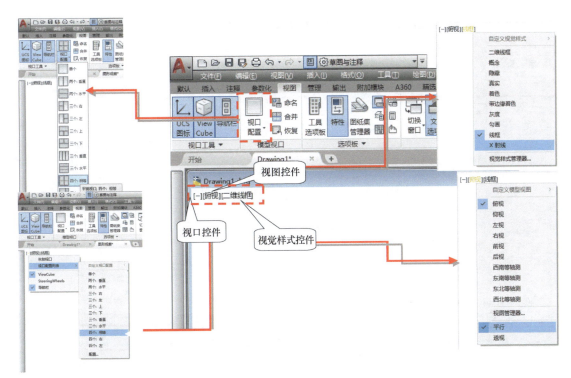

图 1-12 "视图"选项面板

件时，系统会弹出"是否将改动保存到……"的对话框。单击"是"按钮，AutoCAD 将退出并保存所做修改；单击"否"按钮，AutoCAD 将退出且不保存所做修改；单击"取消"按钮，AutoCAD 将取消退出。这可以给用户一个机会确认自己的选择，以免文件丢失。

工 作 手 册

> 【AutoCAD 软件界面】
>
> 【鼠标键操作和快捷菜单调用】
>
> 【命令输入方式】
>
> 【利用"选项"对话框进行软件设置】
>
> 【设定自己的工作空间】
>
> 【新建图形的方法】
>
> 【制作图形样板】
>
> 【模型空间与布局空间】
>
> 【AutoCAD 2019 以后版本增加的主要功能】

【AutoCAD 软件界面】

1. 2018 版本软件界面

其主要以工具面板和选项卡方式显示命令按钮，可以多级折叠提供隐藏命令。由于界面层次有序，功能强大，直观易于自学，因此为大屏幕显示器用户所喜爱（图 1-13a）。

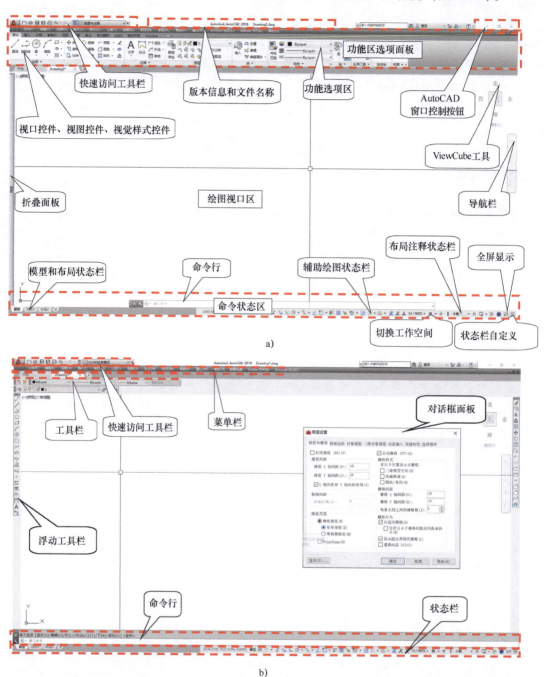

a)

b)

图 1-13　软件界面

2. 软件界面经典模式

以菜单栏和工具栏方式显示命令按钮，由于界面简明，寻找命令直接，因此一直为老用户所喜爱，如图 1-13b 所示。可以右键单击界面边框或工具栏空白处调出工具栏（图 1-14），关闭选项面板，锁定窗口和工具栏（图 1-15），然后储存工作空间为经典模式。

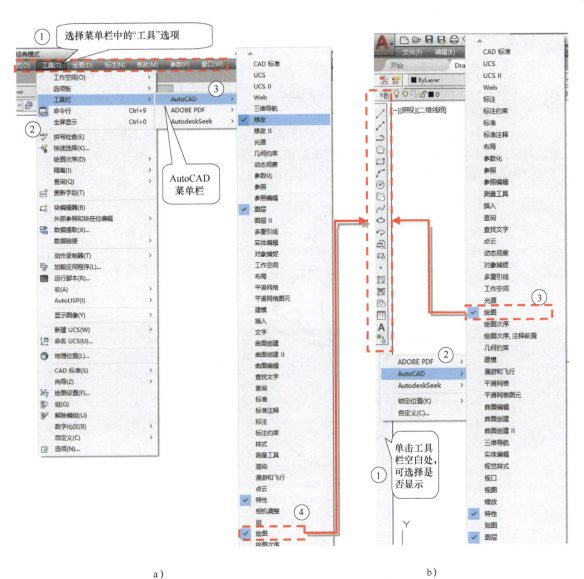

a）

b）

图 1-14 调用 AutoCAD 工具栏

图 1-15 锁定窗口及工具栏

【鼠标键操作和快捷菜单调用】

命令的操作大部分都可以用鼠标来完成，但有些操作还需使用键盘，比如在进行参数设置时，要设置一个准确数值只有使用键盘才能完成。

1. 鼠标键的使用

在普通鼠标上，左按钮是拾取键，用于指定位置、编辑对象、选择菜单选项、对话框按钮。右按钮的操作取决于上下文，它可用于结束正在进行的命令、显示快捷菜单（图 1-16）、显示"对象捕捉"菜单 、显示"工具栏"对话框。

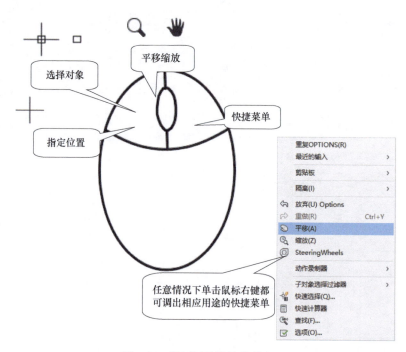

图 1-16　鼠标键及快捷菜单应用

2. 滚轮的使用

① 三键鼠标上的两个按钮之间有一个小滚轮，滚轮可以转动或按下。不使用任何 Auto-CAD 命令，直接使用滚轮即可缩放图形。

② 缩放到模型范围：双击滚轮按钮，等同于 缩放范围，可以在窗口中显示全部图纸内容。

③ 平移：按住滚轮按钮并拖动鼠标，光标变为手掌图标，可平移图纸内容。

【命令输入方式】

执行 AutoCAD 命令的方式主要有下列几种。

1）进入命令行，单击出现光标后提示直接输入命令，也可输入命令字母进行查询。

命令行窗口：包括命令提示行和命令历史窗口，如图 1-17 所示。命令行窗口用于输入命令、显示 AutoCAD 命令提示和相关信息。输入命令后要按"Enter"键或空格键执行操作。命令行窗口可以设置为浮动并带有标题栏和边框的窗口，用户可以将其摆放到屏幕的任意位置。

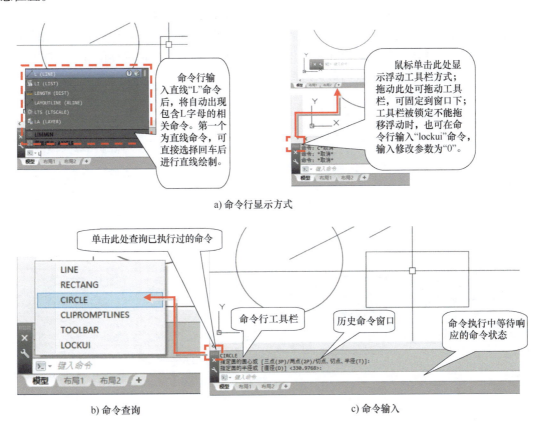

a) 命令行显示方式

b) 命令查询   c) 命令输入

图 1-17 命令行使用

2）利用键盘快捷键或组合键输入命令。利用键盘在光标处直接输入命令等同于进入命令行输入命令，输入字符时会出现一个与字符串有关的命令，可直接选择命令应用。除了通过输入英文单词（例如"Line"）来启动"直线"命令之外，还可以输入缩写字母"L"。

3）鼠标点击功能面板（图 1-18），在选项面板中寻找工具命令并单击命令图标按钮。

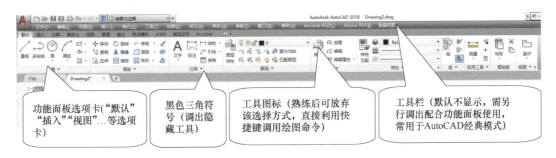

图 1-18 功能面板

4）在下拉菜单栏、工具菜单中直接寻找命令。通过鼠标右键单击界面空白处调出快捷菜单，寻找命令。单击绘图图元可调出与图元有关的命令菜单。

【利用"选项"对话框进行软件设置】

"选项"对话框（快捷键"OP"，如图 1-19 所示）是一个设定操作界面的重要途径。可以选择是否显示文件选项卡、设定十字光标大小、绘图区域是否显示快捷菜单、拾取框大小、自动保存文件版本、间隔时间和路径位置等。建议重新设定文件保存位置，以便绘图过程中系统崩溃的情况下能迅速找回最近时间文件。

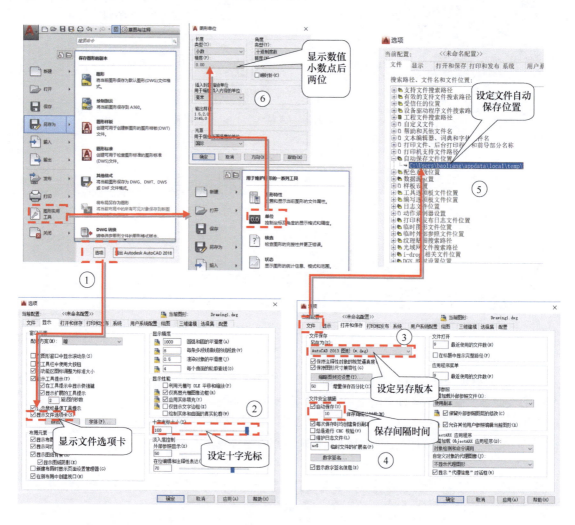

图 1-19 "选项"对话框

【设定自己的工作空间】

1）进入工作空间。AutoCAD 软件默认工作空间为"草图与注释"工作空间，如图 1-20 所示。"草图与注释"工作空间为二维模式绘图界面。如果想进入三维模式或设定自己的空间模式，可以在快速访问工具栏显示空间模式的界面随时切换，也可在软件界面右下方状态栏单击"切换工作空间"进行切换（图 1-21）。

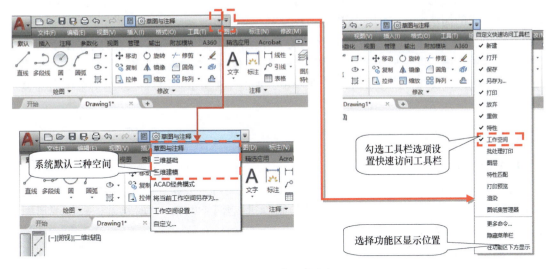

图 1-20 设定工作空间

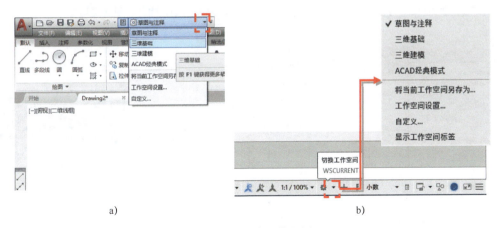

a)　　　　　　　　　　b)

图 1-21 切换工作空间

2）获得自己的工作空间。"草图与注释"工作空间模式虽然命令直观，但反复寻找命令面板并单击命令，不利于快速绘图，应同时利用键盘快捷键提高绘图效率。可以随时关闭面板功能区，使绘图视口最大化。面板功能区占用了较多的绘图界面，想要获得简洁且较大的绘图区域，可以采用如图 1-21 和图 1-22 所示设定、切换自己的工作空间。

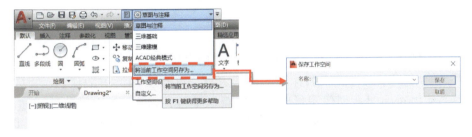

图 1-22 保存自己的工作空间

3）设置经典模式。AutoCAD 2015 以后的版本设定工作空间取消了经典模式，如果喜欢类似经典模式的简洁工作空间，可以通过调整显示菜单栏、关闭标准选项卡、单击窗口两侧边调出 AutoCAD 工具栏等步骤，保存自己的工作空间以便以后调用。此时大部分常用命令均放置在菜单栏中，菜单栏包括"文件""编辑""视图""插入""格式""工具""绘图""标注""修改""窗口""帮助"11 个菜单项，如图 1-4 所示。用户可以单击菜单名称显示下拉式菜单。

【新建图形的方法】

1. 直接创建

在"文件"选项卡上单击"+"创建新图形，或者在"开始"选项卡中，进入"创建"页面，在"快速入门"选项中单击"开始绘制"进入绘图界面。这时将基于默认图形样板文件建立新图形，默认名称为"Drawing1"。

2. 通过选择图形样板创建图形

在"文件"选项卡上单击鼠标右键，或者依次单击"应用程序"菜单→"新建"→"图形"，或者在命令行中输入"New"命令，或者键盘输入组合键"Ctrl+N"，通过以上方法都会显示"选择文件"对话框，可以自由选择图形样板创建新图形（图 1-23）。

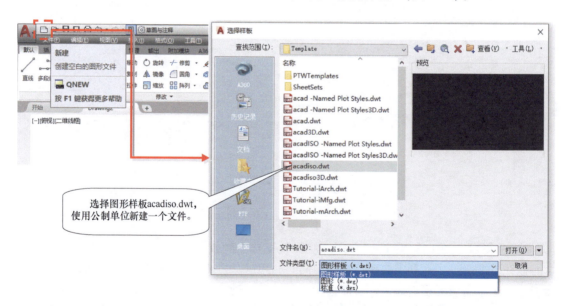

图 1-23　新建图形样板

【制作图形样板】

新图形是通过默认图形样板文件或用户创建的自定义图形样板文件来创建的。图形样板文件是使用 .dwt 文件扩展名保存的图形文件，并指定图形中的样式、设置、布局和标题栏。使用 acad.dwt 创建图形时，使用英制单位，采用 ANSI 标准进行标注设置，并基于颜色的打印样式。使用 acadiso.dwt 创建图形时，使用公制单位，采用 ISO 标准进行标注设置，并基于颜色的打印样式。CAD 默认打开的绘图样板是默认 acadiso.dwt

样本标准。

1）新建样板设置。有经验的设计公司通常根据国家规范创建具有本公司特色的图形样板文件，以在整个组织内保持一致的标准和样式。经常进行指定的设置有：

- 测量单位和测量样式（Units）
- 草图设置（Dsettings）
- 图层和图层特性（Layer）
- 线型比例（Ltscale）
- 标注样式（Dimstyle）
- 文字样式（Style）
- 布局以及布局视口和比例（Layout）
- 打印和发布设置（Pagesetup）

2）图形样板文件的存储。可以将任何图形（.dwg）文件另存为图形样板（.dwt）文件。将这些设置保存为图形样板文件时，可以开始创建设计，而无须再进行任何设置。

3）图形样板文件的修改。可以打开现有图形样板文件，进行修改，然后重新将其保存。在该对话框的列表中显示出 AutoCAD 预设的样板文件，当选择其中的一个文件时，在右侧的"预览"框中将显示出样板的预览图像，单击"打开"按钮后，就可以在这个样板的基础上创建一个新的图形文件。

【模型空间与布局空间】

AutoCAD 的工作区可以用两种窗口显示：模型空间和布局空间，两种窗口的背景色都可以调整。

绘图基本上都是在模型空间进行的。打开新的 AutoCAD 文档，默认显示的就是黑色屏幕的模型窗口，该窗口只能用于建模。模型空间是一个没有界限的三维空间，因此建模过程中也没有比例尺的概念。

布局空间主要是为了出图而设置的，以白色屏幕布局窗口为工作界面。布局空间是纸张的模拟，因此是二维的，并且可以创造数个布局。布局空间有界限，要受到所选择的图幅限制，因此布局空间中有了比例尺的概念。通过工作区左下角的按钮（图 1-24）可以在模型空间和布局空间之间切换。

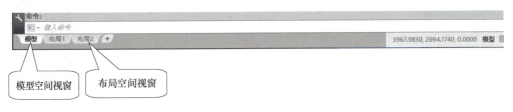

图 1-24 模型空间和布局空间

【AutoCAD 2019 以后版本增加的主要功能】

AutoCAD 2019 以后的版本界面更加友好，绘图响应速度更快，编辑方式更易于操作。主要增加了以下功能。

① DWG 比较：支持查看和记录两个版本的图形或外部参照之间的差异并用云线包围（图 1-25）。

② PDF 导入：支持将 PDF 中的几何图形（包括 SHX 字体文件、填充、光栅图像和 TrueType 文字）导入图形，将光栅图像转换为 DWG 对象。

图 1-25　"DWG 比较"功能

任务二　绘制小型绿地平面

绘制一个小型绿地平面，学习简单绘制、编辑、保存图形的方法。

绘制直线图形

一、绘制直线图形

新建一个绘图文档，选择图形样本"acadiso.dwt"。系统默认文件名为"Drawing1""Drawing2"……，根据图 1-26 所给数据利用"直线"命令绘制小型绿地。绘图前利用"选项"对话框进行软件设置。绘制图形前使用鼠标滚轮缩放绘图区域，可以不必设置绘图区域。下面通过两种方式绘制新图形。

图 1-26　命令行历史窗口

1. 输入坐标值绘制图形

在命令行输入"直线"命令缩写"L"，并按"Enter"键。按图 1-25 命令行提示输入点坐标 A "0，0"、B "@0，-20000"、C "@28000，0"、D "@0，10000"、E "@20000<145"，最后鼠标单击 A 点，或在命令提示栏根据提示［闭合（C）/放弃（U）］，输入命令"C"，生成如图 1-27 所示的绿地平面图。命令输入行会自动记录已经执行过的历史命令，默认显示三行，可以拖动显示区域显示多行。

命令输入

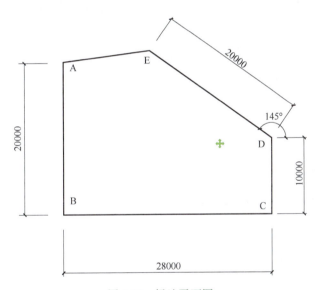

图 1-27　绿地平面图

2. 直接输入数值快速绘制图形

实际工作中靠输入每个点的具体坐标值来绘制图形会非常麻烦，可以通过输入距离数值直接绘制直线。这是个相对坐标的简化方式，只要能确定直线的绘制方向，即可输入距离数值。控制方向的方法是在状态栏中打开"正交"模式（功能键"F8"）或者启用"极轴追踪"并设定角度（功能键"F10"）、打开"对象捕捉"模式（功能键"F3"）等。打开"对象捕捉"模式对软件进行设置，该设置在绘图过程中始终有效，也可随时取消设置。例如，绘制到 D 点后可以设置极轴角度为 5°，绘制 DE 直线时会自动捕捉该角度的倍数，到 145°时停顿极轴辅助线，直接输入 20000 即可。绘制过程中也可在命令执行的同时设置暂时捕捉，命令完成后使该捕捉失效，如图 1-28 所示。

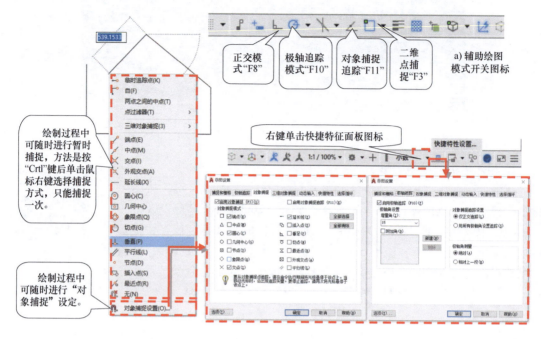

b) 捕捉设置

图 1-28　快速绘制图形的方法

二、简单编辑图形

1）利用组合键"Ctrl+O"打开图形文件"树种.dwg"，单击命令面板"视图"→"垂直平铺"。

2）复制图形。

① 拖动复制图形。将该文件视图中的法桐、雪松、丁香、地灌木、景石使用如图 1-29 所示方法复制到绿地中。

简单编辑图形、
保存图形

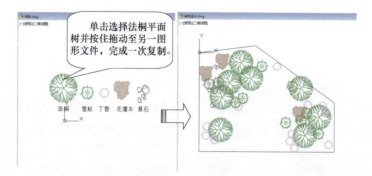

图 1-29　复制图形

② 利用 Windows 系统中的剪贴板功能，输入键盘组合键"Ctrl+C"复制树种到系统内

存中，然后到绿地平面中按粘贴快捷键"Ctrl+V"。

③ 命令行输入"CO"复制命令，把绿地平面的树种进行多次复制，命令行输入方式如图 1-30 所示。

3）命令行输入"M"移动命令，选择并移动平面树至合适位置。按提示选择任意图形进行移动，命令行输入方式如图 1-30 所示。

图 1-30　命令行输入方法

4）使用"删除（E）""放弃（Crtl+Z）""取消"命令修改图形，生成如图 1-29 所示的绿地平面图。

三、保存图形

第一种方式：按快捷键"Ctrl+S"快速保存。可以尝试以新名称另存图形文件。

第二种方式：执行"保存"命令，或单击"标准"工具栏中的"保存"按钮，或者在命令行中输入"Save"命令，以当前文件名保存图形；也可以使用"另存为"命令，将当前文件以新的名称进行保存。

> **提示：** 当用户第一次保存图形文件时，系统将弹出"图形另存为"对话框，默认情况以"AutoCAD 2013 图形（*.dwg）"格式保存，用户也可以在"文件类型"下拉列表框中选择其他格式。

工 作 手 册

【快捷命令】

【右键快捷菜单快速绘图】

【功能组合键快速绘图】

【两种图形选择情境】

【了解"复制"命令】

【了解"删除""放弃""重做"命令】

【了解对象、图块和图层】

【AutoCAD 坐标系与坐标】

【文件修复和清理】

【文件丢失和找回的方法】

【由三维模式切换为二维模式的方法】

【快捷命令】

　　某些命令具有缩写的名称，即用一个或几个字母代替命令，也称为快捷命令。快捷命令可在 acad.pgp 文件中定义，在 Autocad 安装目录中找到该文件（图 1-31），用任何文本编辑器均可编辑该文件。快捷命令可以大大加快命令的输入速度，提高绘图效率。

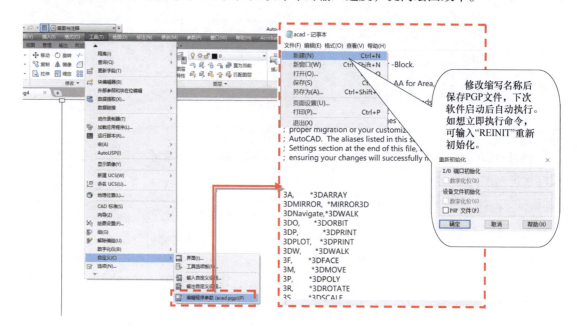

图 1-31　调用 PGP 文件修改缩写快捷命令

【右键快捷菜单快速绘图】

　　在屏幕的不同区域任意位置单击鼠标右键，都会有与当前绘图界面或当前图形命令相关的操作信息，以快捷菜单的形式出现在屏幕上，以便快速访问，如图 1-32 所示。

【功能组合键快速绘图】

　　F1：显示 AutoCAD 的帮助对话框。

　　F2：在命令文本和图形屏幕之间切换，文本显示过去执行命令的具体情况。

　　F3：对象捕捉开关，控制对象捕捉设置的开或关。

　　F4：三维对象捕捉开关。

　　F5：切换等轴测平面的模式，在等轴测平面（左、右、俯）之间切换。

　　F6：动态 UCS 开关。

　　F7：栅格显示开关，控制栅格显示或关闭。

　　F8：正交模式开关，当 F8 打开时可以绘制垂直线或水平线。

　　F9：光标捕捉开关，控制是否捕捉光标，用"SNAP"命令可以设置捕捉值。

　　F10：极坐标模式开关，控制是否采用极坐标追踪模式。

　　F11：对象捕捉追踪开关。

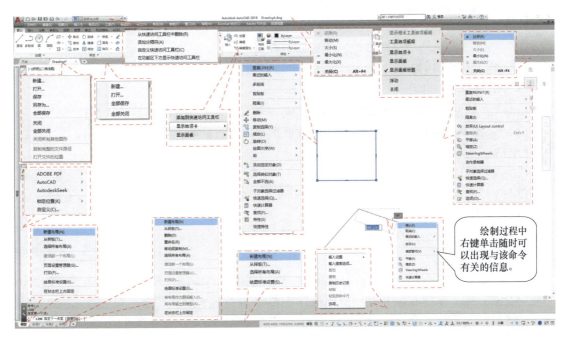

图 1-32　调出快捷菜单

F12：动态输入开关。

Alt+F4：关闭应用程序窗口。

Ctrl+F2：显示文本窗口。

Ctrl+F4：关闭当前图形。

Ctrl+F6：移动到下一个文件选项卡。

Ctrl+0：切换全屏显示。

Ctrl+1：切换特性选项板。

Ctrl+2：切换设计中心。

Ctrl+3：切换"工具选项板"窗口。

Ctrl+4：切换"图纸集管理器"。

Ctrl+8：切换"快速计算器"选项板。

Ctrl+9：切换命令行窗口。

Ctrl+A：选择图形中未锁定或冻结的所有对象。

Ctrl+C：将对象复制到 Windows 剪贴板。

Ctrl+Shift+C：使用基点将对象复制到 Windows 剪贴板。

Ctrl+F：切换执行对象捕捉。

Ctrl+G：切换栅格显示模式。

Ctrl+J：重复上一个命令。

Ctrl+L：切换"正交"模式。

Ctrl+Shift+L：选择以前选定的对象。

Ctrl+N：创建新图形。

Ctrl+O：打开现有图形。

Ctrl+P：打印当前图形。

Ctrl+Shift+P：切换"快捷特性"界面。

Ctrl+Q：退出应用程序。

Ctrl+S：保存当前图形。

Ctrl+V：粘贴 Windows 剪贴板中的数据。

Ctrl+Shift+V：将 Windows 剪贴板中的数据作为块进行粘贴。

Ctrl+W：循环选择。

Ctrl+X：剪切。

Ctrl+Y：将对象从当前图形剪切到 Windows 剪贴板中。

Ctrl+Z：恢复上一个动作。

【两种图形选择情境】

选择对象的方法有以下几种：单击对象、圈围或圈交。圈围或圈交时，单击选择的范围为矩形套索，按下鼠标右键并拖动鼠标选择的范围为不规则形状套索。圈围方式为实线套索，选择区域为蓝色，套索范围内的所有对象均被选择。圈交方式为虚线套索，套索碰触相交及范围以内的对象均被选择。如果矩形选择不能满足要求，命令行中会出现栏选模式供选择。

命令执行往往有下列两种方式。

1）先选择对象后执行编辑修改命令。当出现误操作时，可用"Esc"键结束选择。

2）在绘制图形过程中选择图形进行修改。

> **提示：** 通过按住"Shift"键并单击单个对象，或跨多个对象拖动，可取消选择对象。按"Esc"键可以取消选择所有对象。如果在以后执行其他编辑命令时，想重新选择上次选择过的图形，可在正在执行的命令选择提示中输入"P"（图 1-33）。

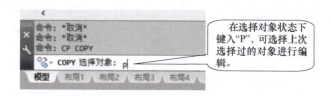

图 1-33　重复选择

【了解"复制"命令】

复制过程可以利用下列几种方法进行。

一、利用鼠标直接拖动复制图形

单击选择图形，按住鼠标左键并拖动鼠标，将图形拖至新文档的绘图区域中，然后松开鼠标左键。

二、利用键盘命令复制

在命令行输入"Copy"或缩写"C""CP"后，选择对象并按"Enter"键确定，即可将选定对象从一个位置复制到同视口的另外一个位置（图1-34）。

```
命令：*取消*
命令：COPY
选择对象：找到 1 个
选择对象：
当前设置：复制模式 = 多个
指定基点或 [位移(D)/模式(O)] <位移>:
指定第二个点或 [阵列(A)] <使用第一个点作为位移>:
指定第二个点或 [阵列(A)/退出(E)/放弃(U)] <退出>:
指定第二个点或 [阵列(A)/退出(E)/放弃(U)] <退出>:
```

图1-34 复制命令

三、剪贴板复制粘贴

1）"Cutclip"剪切到剪贴板，等于"Ctrl+X"。可将选定的对象复制到剪贴板，并从图形中将其删除。

2）"Copyclip"复制到剪贴板，等于"Ctrl+C"。将选定的所有对象复制到剪贴板，剪贴板中的内容可粘贴到文档或图形中（图1-35）。

3）"Copybase"带基点复制，等于"Ctrl+Shift+C"。将选定的所有对象先选择一个基准点复制到剪贴板，再寻找准确位置粘贴。

"复制"命令执行后，所选信息复制到 Windows 系统中，在 AutoCAD 粘贴面板中选取各种粘贴方式，在 CAD 内部不同视口和选项卡文件中粘贴。此外，也可用快捷键

图1-35 剪贴板复制粘贴

"Ctrl+C"选择复制，在另一文件的不同视口中用快捷键"Ctrl+V"快速粘贴，或者将图形信息复制到其他绘图软件中。

【了解"删除""放弃""重做"命令】

一、"删除"命令

"删除"命令可用于在图形中删除所选择的一个或多个对象。"删除"命令可以利用下列几种方法执行。

1）用"Delete"键直接选取删除。

2）单击工具栏"修改"→"删除"。

3）选定对象后单击鼠标右键，弹出快捷菜单，选择"删除（Erase）"项。

4）如图1-36所示，在命令行输入"Erase"或简写"E"。可在此提示下构造对象选择

集，并按"Enter"键确定，选定对象即被删除。

图 1-36　"删除"命令过程中连续选择对象

> **提示：** 如果刚刚执行完一次"删除"命令，要想再一次重复执行该命令，单击空格键即可。命令执行过程中，如果要中途取消该命令，可以按"Esc"键。

二、"放弃"与"重做"命令

对于一个已删除对象，虽然用户在屏幕上看不到它，但在图形文件还没有被关闭之前该对象仍保留在图形数据库中，用户可利用放弃当前结果进行恢复。当图形文件被关闭后，该对象将被永久性地删除。

1）"放弃"即对上一步的操作动作进行恢复。在 AutoCAD 中，可以使用多种方法恢复最近的历史操作。要放弃上一步操作，可以单击快速访问工具栏上的"放弃"按钮，也可以在命令行中输入"Undo""U"，或者按快捷键"Ctrl+Z"。

> **提示：** 许多命令在执行过程中包含自身的"U（放弃）"选项，无须退出此命令即可更正错误。例如，创建直线或多段线时，输入"U"即可放弃上一条线段。

2）"重做"即恢复上一个用"Undo"放弃的效果。如果连续执行数次"放弃"步骤后忽然发现放弃错误，可以多次单击"重做"按钮，依次恢复"放弃"的效果。

【了解对象、图块和图层】

在 AutoCAD 中绘制的图形和元素称为对象，如四边形、圆、多段线、块等。图块是 AutoCAD 提供的功能强大的设计绘图工具。图块作为绘图对象由一个或多个图形组成，并按指定的名称保存。在后续的绘图过程中，可以将图块按一定的比例和旋转角度插入图形中，从而加快绘图速度。虽然图块可能由多个图形组成，但是对图形进行编辑时，图块将被视作一个整体对象进行编辑。

图层用于在绘图中存放不同的绘图元素，相当于完全重合在一起的透明纸，用户可以任意选择其中一个图层绘制图形，而不会受到其他层上图形的影响。每一图层都可以指定自己的名称、颜色、线型，绘图中可以将不同的对象分别放置于不同图层，设置不同的颜色和线型，也可以放在同一图层上。每个图层具有打开/关闭、冻结/解冻、锁定/解锁等多种状态，能方便地进行显示、编辑和修改。

【AutoCAD 坐标系与坐标】

1. 坐标系

一般园林制图都是直接输入数值进行绘制，很少用到输入坐标值进行绘图，其实坐标值无处不在，计算机绘图往往简化了坐标值输入方式。坐标系是图形学的基础，利用坐标系可以精确地确定图形在空间中所处的位置，特别是了解直角坐标和极坐标能提高绘图综合能力。

在 AutoCAD 中被称为"世界坐标系（WCS）"的就是"直角坐标系"，它由 X、Y 和 Z 三个轴组成，其中水平方向的坐标轴为 X 轴，以向右为其正方向；垂直方向的坐标轴为 Y 轴，以向上为其正方向；垂直于 XY 平面的坐标轴为 Z 轴，以垂直于屏幕向外为其正方向。三维图形绘制时，用户经常需要改变坐标系的原点和方向，此时世界坐标系就变成了用户坐标系。用户坐标系中三个坐标轴之间始终互相垂直，但是它的原点及 X、Y、Z 轴的方向和位置都可以任意调整。平面图形的绘制往往涉及不到用户坐标。

极坐标以最后一次输入的点为原点，使用距离及角度来定位。在 AutoCAD 中测量角度值的默认方向是逆时针方向。默认情况下，角度按逆时针方向增大，按顺时针方向减小。要指定顺时针方向，需为角度输入负值。例如，输入"1<315"和"1<−45"都代表相同的点。用极坐标指定点是相对于前一点，而不是原点（0，0）来定位的，可以通过输入相对于前一点的距离和在 XY 平面上的角度来指定一点，距离与角度之间用尖括号"<"而不用逗号","分开。

2. 绝对坐标

直角坐标系的建立方法是通过在二维平面上提供与两个相交的垂直坐标轴的距离来指定点的位置，或在三维空间上提供距 3 个相互垂直的坐标轴的距离来指定点的位置。每一个点的距离是沿着 X 轴（水平方向）、Y 轴（竖直方向）和 Z 轴（从纸面向外或向里）测量得出的。轴之间的交点称为原点，（X，Y，Z）为（0，0，0）。沿 X 轴正方向从原点向右为水平距离增加的方向，沿 Y 轴正方向从原点向上为竖直距离增加的方向（图1-37），可以通过输入点的 X 轴、Y 轴、Z 轴坐标来指定点的位置。坐标单位可以是小数制、分数制或用逗号分开的科学制。在绝对直角坐标系中输入的点的坐标为相对于当前坐标系原点的坐标值。绘制二维图形往往只输入 X、Y 两轴数值（例如"1000，1000"），而 Z 轴不再输入数值，此时 Z 轴默认为 0，相当于"1000，1000，0"。

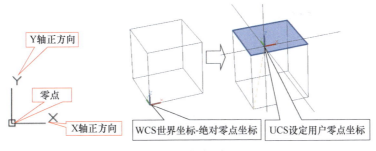

图 1-37 绝对坐标

3. 相对坐标

如果没有使用符号"@"，将使指定点相对于原点定位，即为绝对坐标。数值前加入符号"@"后即为相对坐标。用相对坐标设置的点只与上一个指定的位置或点有关，而与坐标系的原点无关，它类似于将指定点作为上一个输入点的偏移。在 AutoCAD 中，无论何时指定相对坐标，符号"@"一定要放在输入值之前，例如"@ 1000<45""@ 1000，1000"。

> **提示:** 如图 1-38 所示，在屏幕底部状态栏中，坐标开关显示当前光标所处位置的坐标值。在绘图时可以随时单击坐标数值框切换改变坐标系。

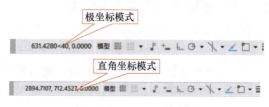

图 1-38　坐标系切换

【文件修复和清理】

方式一：对外部文件错误进行修复并打开该文件，在命令行输入"Recover"。

方式二：对当前文件错误进行修复，如图 1-39 所示。

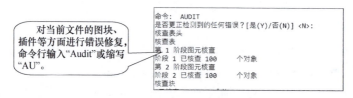

图 1-39　对当前文件错误进行修复

方式三：对当前文件进行清理（图 1-40）。命令行输入"PURGE"或缩写"PU"。清理

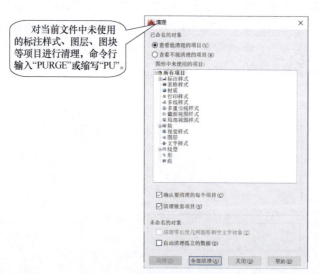

图 1-40　对当前文件进行清理

并保存后，可观察文件字节数变化。

方式四：把当前文件以外部写块的方式储存到其他位置，可观察文件字节数变化。在命令行输入"Wblock"或缩写"WB"。

【文件丢失和找回的方法】

在计算机突然断电、死机或软件崩溃闪退的情况下，可以迅速找回最近保存的文件。

第一种方式：首先利用"选项"对话框设置自动保存的时间间隔，然后修改自动保存位置和临时图形文件位置（图1-41）。可复制蓝色反白中的路径文字，到指定文件夹寻找。自动保存的文件格式为bak，必须改为dwg格式才能打开。

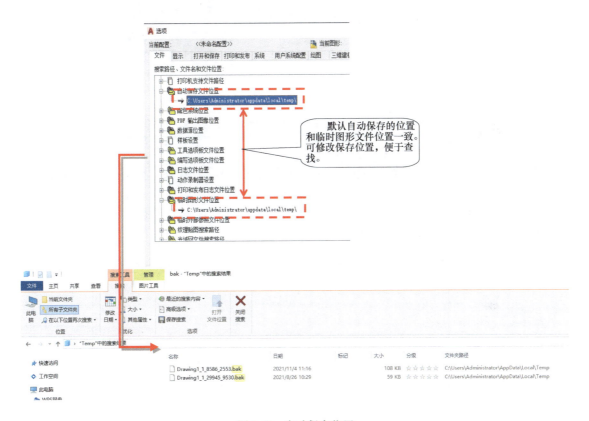

图1-41　自动保存位置

第二种方式：利用"图形实用工具"查询。在"图形修复管理器"中打开备份文件，其位置在文件保存的文件夹中，有dwg、bak格式。bak格式不必修改，直接点击该文件打开即可。详细信息有保存时间、保存位置及文件大小（图1-42）。

【由三维模式切换为二维模式的方法】

CAD软件处于三维模式时，用"Ucs"和"Plan"命令均可切换为二维模式。前者需要输入"Ucs"，并选择"W"命令，其原理是回归世界坐标系。前者需要输入"Plan"，并选择"W"命令，其原理是回归世界坐标系的平面。

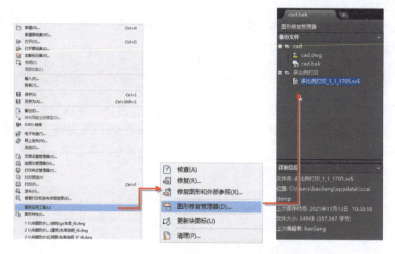

图 1-42　利用"图形实用工具"查询

 课后练习

1. 利用 PGP 文件，修改"Copy"命令的缩写为"C"，修改"Circle"命令的缩写"CC"。

2. 如图 1-43 所示，利用"直线（L）"命令按照国家标准绘制一个尺寸为 594×420 的 A2 图框线，并利用"文字标注（DT）"命令标注文字。

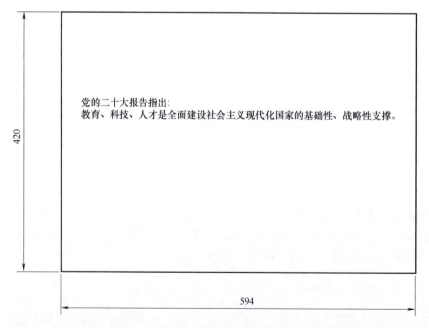

党的二十大报告指出：
教育、科技、人才是全面建设社会主义现代化国家的基础性、战略性支撑。

图 1-43　绘制 A2 图框

绘制简单图形

任务一　绘制一个图签

任务描述

绘制如图 2-1 所示的图签。

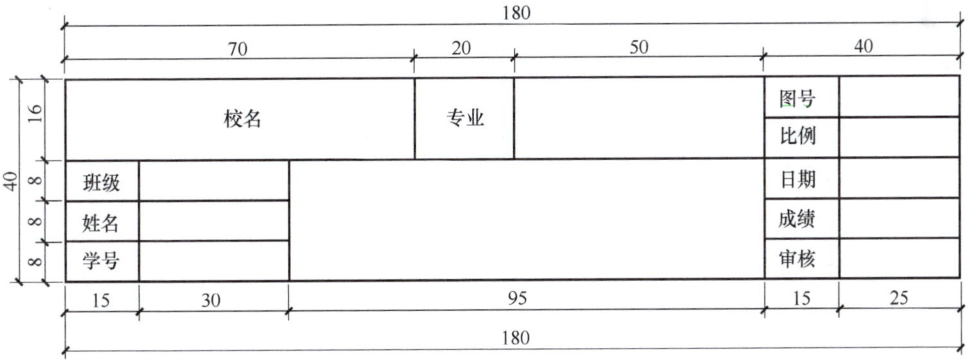

绘制图签

图 2-1　图签范例

任务实施

第一步，绘制矩形。使用命令："矩形（Rectang）"，快捷键"Rec"。

① 新建一个绘图文档，命名为"图签"。

② 启动"矩形（Rec）"绘图命令。

③ 单击 A 点，输入"@180，40"并按"Enter"键，确定 B 点（"@180，40"是 B 点相对于 A 点的直角坐标），如图 2-2a 所示。

④ 绘制矩形图签边框，如图 2-2b 所示。

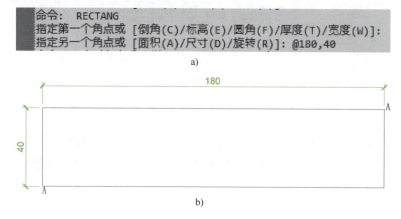

图 2-2　绘制图签边框

第二步，绘制内部分隔线。使用命令："直线（Line）"，快捷键"L"。

① 按功能键"F3""F8""F10"确认捕捉设置、正交模式和极轴追踪设置打开，如图 2-3a 所示。

② 启动"直线（L）"绘图命令，光标靠近 C 点并向下移动，利用极轴追踪确定方向，输入坐标数值"16"，按"Enter"键确定 D 点位置。

> **提示：** 使用对象追踪时必须打开一个或多个对象捕捉，同时启用对象捕捉。但极轴追踪的状态不影响对象捕捉追踪的使用。即使极轴追踪处于关闭状态，用户仍可在对象捕捉追踪中使用极轴角进行追踪。

③ 光标向右移动，输入"180"，按"Enter"键确定 E 点位置，如图 2-3b 所示。

④ 按"Enter"键，结束绘图命令。

⑤ 按尺寸依次将剩余线段画完即可，如图 2-3c 所示。

第三步，标注文字。使用命令："文字（Text）"，快捷键"T"。

① 启动"文字（T）"命令。

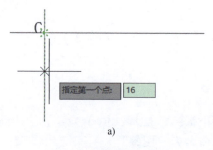

图 2-3　绘制内部分隔线

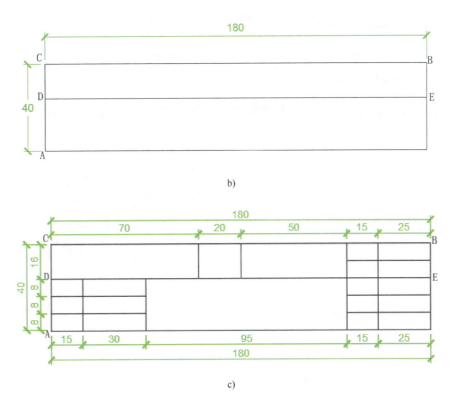

图2-3 绘制内部分隔线（续）

② 在图签空格处要书写文字区域的一个角点，按如图 2-4a 所示步骤，单击鼠标左键，移动光标到对角点，出现一个矩形框提示文字的书写区域，单击鼠标左键。

③ 弹出文字格式工具栏和文字编辑窗口，如图 2-4b 所示步骤，更改字高为 3.5，字体样式为仿宋。

④ 在图签空格处依次输入相应文字。绘制结果如图 2-4c 所示。

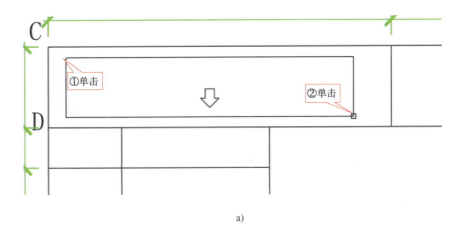

图2-4 标注文字

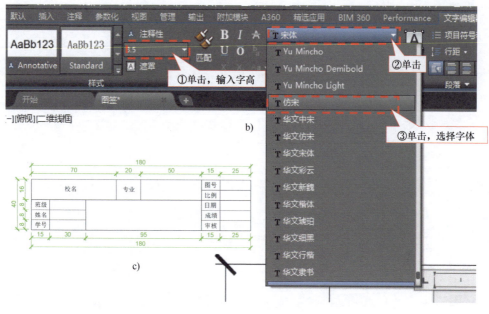

c)

图 2-4　标注文字（续）

任务二　绘制双开门平面图和立面图

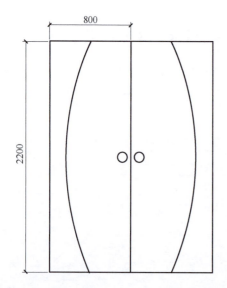 **任务描述**

绘制如图 2-5 所示的入户门平立面图。

绘制双开门立面图

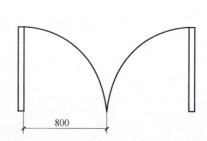

图 2-5　入户门平立面图范例

任务实施

第一步，绘制一侧门扇。使用命令："矩形（Rectang）"，快捷键"REC"。

① 新建一个绘图文档，命名为"双开门"。

② 启动"矩形（Rec）"绘图命令，绘制双开门其中一个门扇，尺寸为800×2200，如图2-6所示。

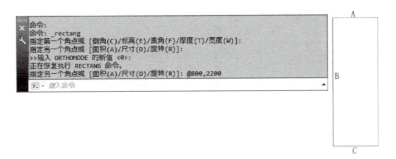

图2-6 绘制一侧门扇

第二步，绘制门图案。使用命令："圆弧（Arc）"，快捷键"A"。

① 启动"圆弧（A）"命令，捕捉门扇顶部中点A点并单击，确定圆弧起点，如图2-7a所示。

② 开启对象捕捉设置，启动中点捕捉，如图2-7b所示。

③ 单击门扇左侧中点附近B点，确定圆弧第二点；捕捉门扇底部中点C点并单击鼠标左键，确定圆弧端点。绘制结果如图2-7c所示。

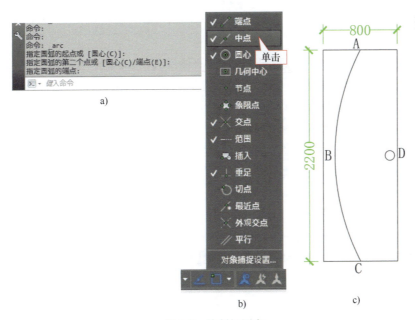

图2-7 绘制门图案

第三步，绘制门把手。使用命令："圆（Circle）"，快捷键"C"。

① 启动"圆（C）"绘图命令，开启极轴追踪。

② 光标靠近门扇右侧中点 D 点后向左移动，利用极轴追踪确定方向，输入坐标数值"80"，即确定圆心，单击鼠标左键。

③ 拖动鼠标，输入圆半径"50"，按"Enter"键结束命令，完成门把手的绘制，如图 2-8 所示。

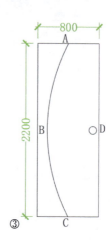

图 2-8　绘制门把手

第四步，镜像绘制另一侧门扇。使用命令："镜像（Mirror）"，快捷键"MI"。

① 启动"镜像（MI）"命令。

② 选择单侧门扇全部对象，右击结束选择。

③ 点捕捉 E 点，指定为镜像线的第一点。

④ 点捕捉 F 点，指定为镜像线的第二点，如图 2-9a 所示。

⑤ 命令行提示"要删除源对象吗？［是（Y）/否（N）]<否>:"，单击"否（N）"，如图 2-9b 所示。

⑥ 绘制结果如图 2-10 所示。

第五步，绘制双平开门平面图。使用命令："矩形（Rectang）"，快捷键"Rec"；"圆弧（Arc）"，快捷键"A"；"镜像（Mirror）"，快捷键"MI"。

① 启动"矩形（Rec）"绘图命令，打开正交模式，绘制尺寸为 50×800 的矩形。打开点捕捉模式。

② 单击"圆弧（A）"绘图命令，按图 2-11 所示步骤，在下拉菜单中选择"圆心，起点，角度"绘图方式，如图 2-11a 所示。

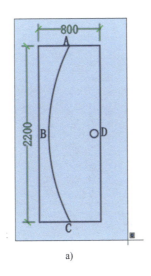

a)

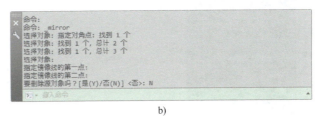

b)

图 2-9　镜像绘制另一侧门扇

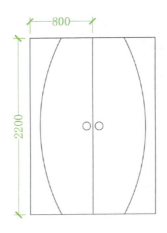

图 2-10　镜像绘制效果图

③ 捕捉 A 点，单击鼠标左键确定圆弧圆心；捕捉 B 点，单击鼠标左键确定圆弧起点；输入"90"，确定圆弧角度为 90°，按"Enter"键结束命令，如图 2-11b、c 所示。

④ 启动"镜像（MI）"命令，按以下方法完成双扇门平面图。

a. 选择矩形和圆弧，右击结束选择。

b. 捕捉 C 点，单击鼠标左键。

c. 打开正交，向上移动光标引出镜像线，单击鼠标左键。

d. 命令行提示"要删除源对象吗？［是（Y）/否（N）]<否>:"，单击"否（N）"，如图 2-11d 所示。

⑤ 结果如图 2-11e 所示。

绘制双开门
平面图

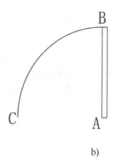

b)

c)

d)

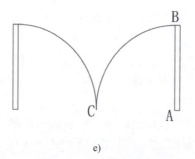

e)

图 2-11　绘制双平开门平面图

任务三　绘制楼梯平面

任务描述

绘制如图 2-12 所示的楼梯平面图。

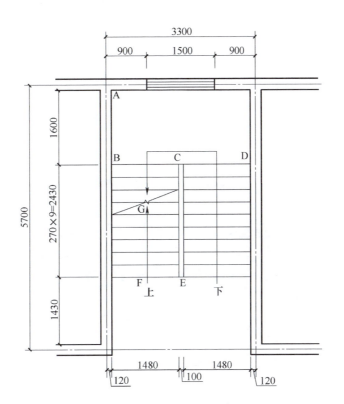

绘制楼梯轴线

图 2-12　楼梯平面图范例

任务实施

新建一个文件，命名为"楼梯平面图"。

第一步，绘制轴线。使用命令："直线（Line）"，快捷键"L"；"复制（Copy）"，快捷键"CO"。

① 启动"直线（L）"绘图命令，绘制直线 AB、CD。

② 启动"复制（CO）"命令，光标靠近直线 AB，单击选择 AB 并按"Enter"键；捕捉 A 点并单击，指定其为复制基点；移动光标到右侧，输入复制距离"900"，按"Enter"键，复制完成。

③ 依次复制其他轴线，完成结果如图 2-13 所示。

命令行命令执行过程如图 2-14 所示。

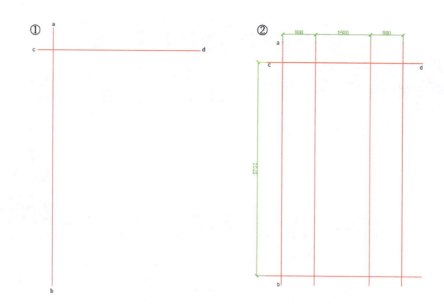

图 2-13　绘制轴线

图 2-14　命令行命令执行过程

第二步，绘制楼梯间墙体。使用命令："多线（Mline）"，快捷键"ML"。

① 新建 240 墙体多线样式。调整显示菜单栏，单击格式菜单栏，选择"多线样式"。

② 弹出"多线样式"对话框。单击"新建"按钮，弹出"创建新的多线样式"对话框，命名为"240 墙体"，单击"继续"。

绘制楼梯间墙体

③ 修改多线样式参数，图元偏移分别设为"120"和"-120"，如图 2-15 所示。

④ 确定后，将"240 墙体"多线置为当前。

⑤ 绘制多线。单击"绘图"菜单栏，找到"多线"绘图命令，或在命令栏中输入多线命令"ML"。

⑥ 绘制过程调整多线绘图设置，输入"J"并按"Enter"键，调整对正类型，输入"Z"并按"Enter"键，"对正" = "无"；输入"S"并按"Enter"键，调整比例，输入"1"并按"Enter"键，"比例为" = "1"；"样式" = "240 墙体"。

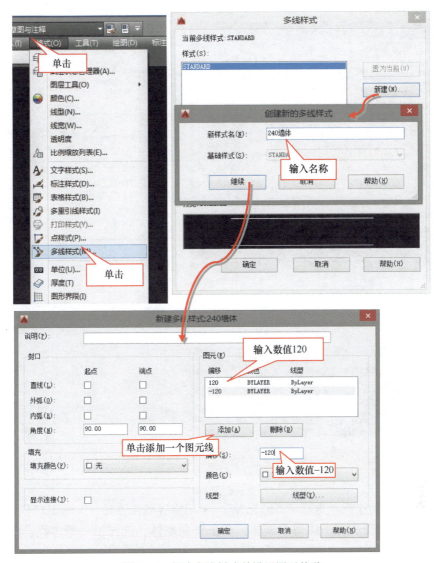

图 2-15　新建多线样式并设置图元偏移

⑦ 捕捉轴线端点，依次绘制墙体。绘制结果如图 2-16 所示。

> **提示：选项命令说明**
>
> ● 对正（J）：设置如何绘制多线。其中"上（T）"表示在光标处绘制多线的顶线，其余的线在光标之下；"无（Z）"表示在光标处绘制多线的中点，即偏移量为 0 的点；"下（B）"表示在光标处绘制多线的底线，其余的线在光标之上。
>
> ● 比例（S）：指定多线宽度的缩放比例系数。此缩放比例系数不会影响线型的缩放比例系数。
>
> ● 样式（ST）：指定多线样式。选择此项后，命令行会给出提示"输入多线样式名或［?］："，此处输入多线样式名称或者输入"?"可显示已定义的多线样式名。

第三步，编辑墙体。使用命令："多线编辑（Mledit）"。

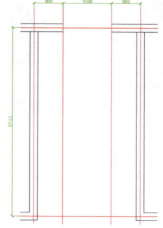

图 2-16　绘制墙体

① 在修改菜单栏，单击"对象"→"多线"。

② 启动多线编辑工具，选择"T 形合并"，关闭多线编辑工具，如图 2-17 所示。

③ 按如图 2-18 所示的步骤修改墙体：单击竖向墙体，选择第一条多线；单击横向墙体，选择第二条多线。

④ 单击鼠标右键确认，结束命令。修改后的墙体如图 2-19a 所示。

提示： 多线编辑时 T 形交点要注意拾取顺序，要先拾取竖向墙体，再拾取横向墙体。

⑤ 采用同样方法编辑另一侧墙体，结果如图 2-19b 所示。

第四步，绘制窗户。使用命令："多线（Mline）"，快捷键"ML"。

① 新建一个多线样式，命名为"窗户"，并设置端口以直线封闭，按图 2-20 所示修改参数。

② 绘制窗户，如图 2-21 所示。

第五步，绘制楼梯踏步线。使用命令："直线（Line）"，快捷键"L"；"复制（Copy）"，快捷键"CO"。

① 启动"直线（L）"命令，绘制第一条楼梯踏步线。

绘制楼梯间窗户

绘制楼梯踏步线与楼梯井

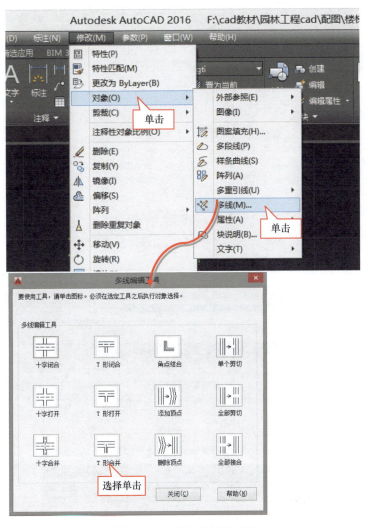

图 2-17　选择多线编辑工具

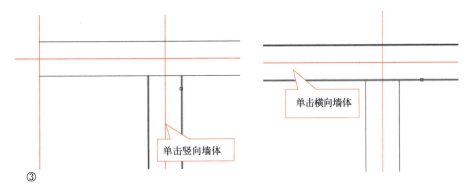

③

图 2-18　修改墙体

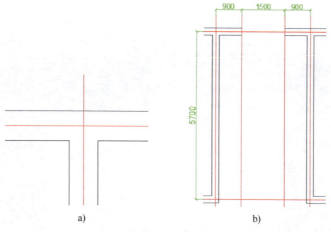

图 2-19　编辑墙体效果图

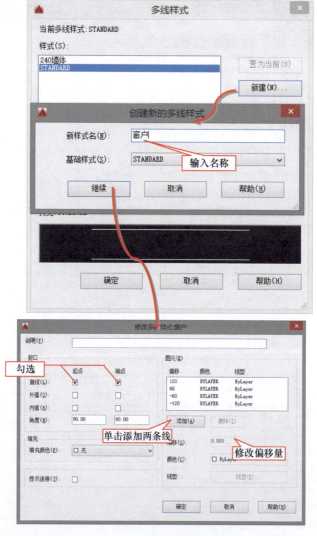

图 2-20　新建多线样式并修改参数

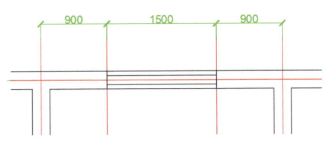

图 2-21 绘制窗户

② 打开"极轴追踪"模式，光标靠近 A 点并向下移动，利用极轴追踪确定方向，输入坐标数值"1600"，按"Enter"键确定楼梯踏步线起点；输入"1480"，按"Enter"键确定踏步线端点 B。按"Enter"键结束命令（图 2-22）。

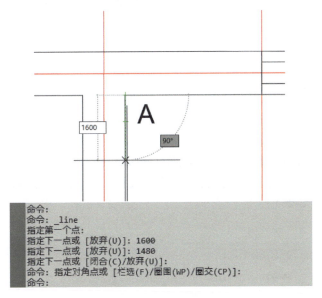

图 2-22 绘制楼梯踏步线

③ 利用"复制（CO）"命令，复制出其他楼梯踏步线。启动"复制"命令，选择第一条楼梯踏步线 BC，单击鼠标右键确认。

捕捉踏步线 B 点为复制基点，输入"a"修改复制模式为阵列，阵列的项目数为 10，距离为 270，按"Enter"键完成复制（图 2-23）。

图 2-23 复制楼梯踏步线

④ 绘制结果如图 2-24 所示。

⑤ 复制另一侧楼梯踏步。

启动"复制（CO）"命令，选择左侧所有楼梯踏步线，单击鼠标右键确认。选择 C 点作为复制基点，向右侧复制到 D 点，按"Enter"键完成复制（图 2-25）。

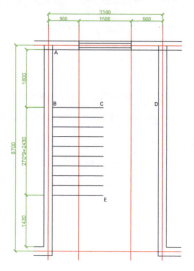

图 2-24　复制楼梯踏步线效果图

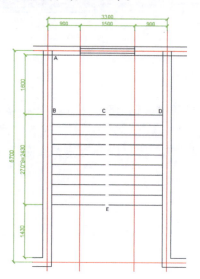

图 2-25　复制另一侧楼梯踏步

第六步，绘制楼梯井。使用命令："矩形（Rectang）"。

按"F3"键打开"对象捕捉"，启动"矩形（Rec）"命令，分别捕捉 C、E 两点，完成楼梯井的绘制（图 2-26）。

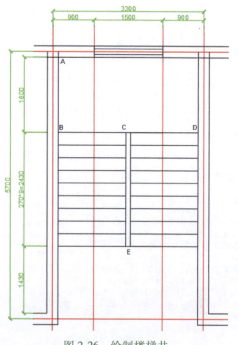

图 2-26　绘制楼梯井

第七步，绘制上下箭头。使用命令："多段线（Pline）"，快捷键"PL"。

① 启动"多段线（PL）"命令，单击 F 点，移动光标到 G 点并单击鼠标左键（图 2-27a）。

② 单击鼠标右键选择宽度（w），或输入"w"并按"Enter"键。输入"100"并按"Enter"键，修改多段线起点宽度为 100；输入"0"并按"Enter"键，修改多段线端点宽度为 0（图 2-27b）。

③ 向上移动光标，输入箭头长度并按"Enter"键。

绘制楼梯
上下箭头

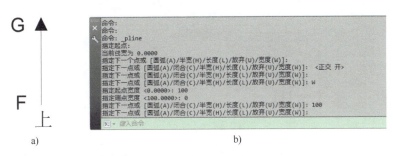

图 2-27　绘制上下箭头

④ 在命令行单击鼠标右键结束命令。

第八步，标识文字。使用命令："文字（Text）"，快捷键"T"。

① 启动"文字（T）"命令，标识出"上"。

② 利用同样方式绘制另一侧箭头，并标识出"下"，完成效果如图 2-28 所示。

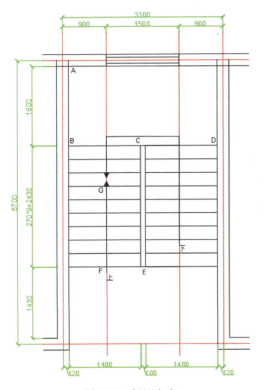

图 2-28　标识文字

第九步，拉伸修改楼梯。使用命令："拉伸（Stretch）"，快捷键"S"。

① 启动"拉伸"命令，提示"以交叉窗口或交叉多边形选择要拉伸的对象……"，按图 2-29 进行操作，出现交叉窗选指示，虚线矩形范围内为绿色透明。单击鼠标右键确定选择对象。

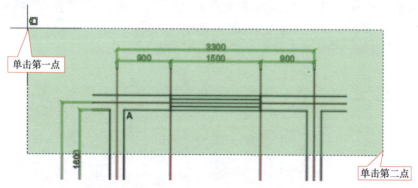

图 2-29　选择拉伸对象

② 打开"正交"模式，单击一点作为基点，向上移动光标，如图 2-30 所示，到合适位置再单击鼠标左键，或准确输入位移，如"2000"，并按"Enter"键。

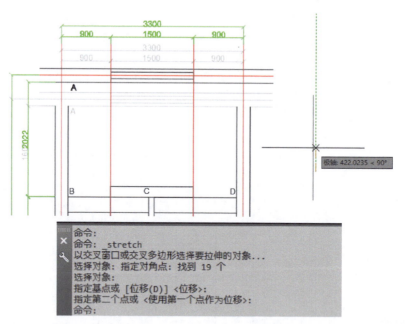

图 2-30　打开"正交"模式拉伸

③ 拉伸效果如图 2-31 所示。

> **提示：**"拉伸"命令要求以交叉窗选方式选择对象。窗口完全包围的图形对象，命令执行后尺寸不变，只是移动位置；而没有完全包围的对象，在命令执行过程中自动伸缩。

楼梯平面的
另一种绘制方法

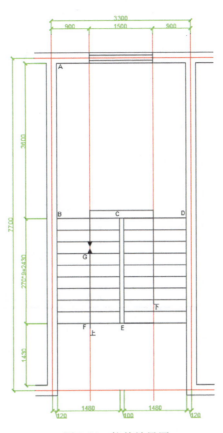

图 2-31　拉伸效果图

任务四　绘制欧式圆拱门

绘制如图 2-32 所示的欧式圆拱门。

任务实施

第一步，绘制多个矩形。使用命令："矩形（Rectang）"，快捷键"REC"；"矩形阵列（Arrayrect）"，快捷键"AR"。

① 绘制一个长 600、宽 300 的矩形（图 2-33）。

② 单击矩形，单击"阵列"选项下拉菜单，选择矩形阵列选项或输入快捷键"AR"，按空格键确定，启动"矩形阵列"命令。将列数设为"2"，列间距设为"700"；将行数设为"4"，行间距设为"350"。在绘图区任意位置单击鼠标左键（图 2-34）。

第二步，绘制中心线及其他线。使用命令："偏移（Offset）"，快捷键"O"。

欧式圆拱门的
第一种绘制方法

欧式圆拱门的
第二种绘制方法

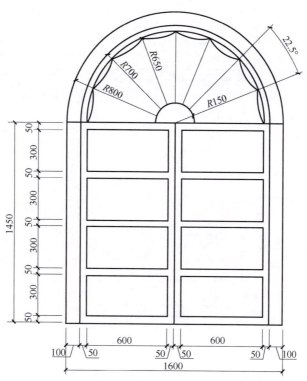

图 2-32　欧式圆拱门范例

图 2-33　绘制长 600、宽 300 的矩形

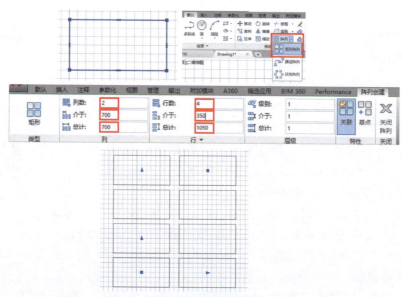

图 2-34　设置矩形阵列

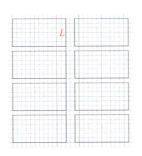

图 2-35 绘制一条直线

① 使用快捷键"L"绘制一条直线 L（图 2-35）。

② 绘制中心线。单击选中直线 L，单击"偏移"选项或输入快捷键"O"并按空格键确定，启动"偏移"命令。输入数值"50"并按空格键确定。将光标移至直线 L 右侧绘图区并单击鼠标左键，得到直线 M。删除直线 L，选中直线 M，上下各延伸 50，中心线绘制完成（图 2-36）。

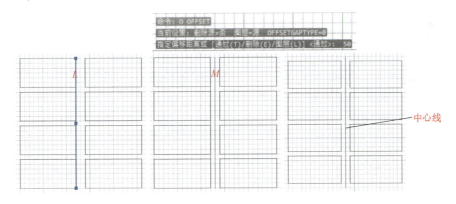

图 2-36 绘制中心线

③ 绘制其他线。选中中心线，使用"偏移"命令，输入数值"700"并按空格键确定。将光标移至中心线左侧绘图区并单击鼠标左键，得到直线 A。选中直线 A，使用"偏移"命令，输入数值"100"并按空格键确定。将光标移至直线 A 左侧绘图区并单击鼠标左键，得到直线 B。选中中心线，使用"偏移"命令，输入数值"700"并按空格键确定。将光标移至中心线右侧绘图区并单击鼠标左键，得到直线 C。选中直线 C，使用"偏移"命令，输入数值"100"并按空格键确定。将光标移至直线 C 右侧绘图区并单击鼠标左键，得到直线 D（图 2-37）。

④ 绘制直线 E（图 2-38）。

第三步，绘制圆弧。使用命令："圆角（Fillet）"，快捷键"F"。

① 绘制一个长 1600、宽 800 的矩形（图 2-39）。

② 绘制半圆形。使用"圆角"命令，输入快捷键"F"并按空格键确定，输入"R"并按空格键确定，输入数值"800"并按空格键确定，输入"M"并按空格键确定。依次单击直线 F、直线 G、直线 H 和直线 G，得到半圆形（图 2-40）。

③ 绘制一个圆弧。输入快捷键"X"，选中半圆形，将其分解。输入快捷键"PE"并按空格键，输入"M"并按空格键，选中圆弧 K 和圆弧 L 并按空格键，输入"Y"并按空格

键，输入"J"并按空格键，得到圆弧 N（图 2-41）。

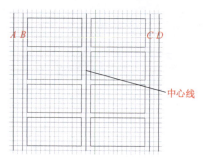

图 2-37　绘制其他线

图 2-38　绘制直线 E

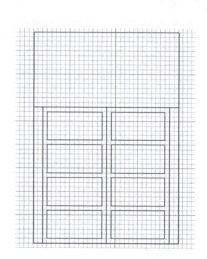

图 2-39　绘制长 1600、宽 800 的矩形

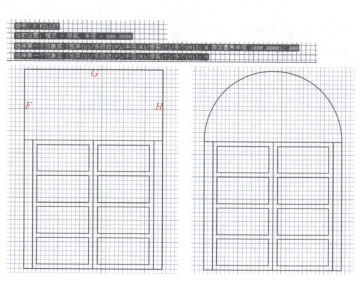

图 2-40　绘制半圆形

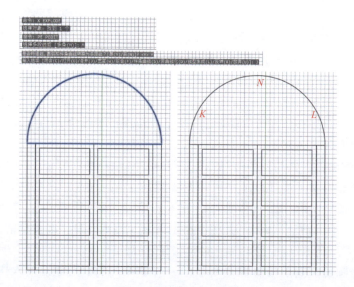

图 2-41　绘制一个圆弧

④ 绘制多个圆弧。选中圆弧 N，使用"偏移"命令，输入数值"100"并按空格键确定。将光标移至圆弧 N 下方绘图区并单击鼠标左键，得到圆弧 O。选中圆弧 O，使用"偏移"命令，输入数值"50"并按空格键确定。将光标移至圆弧 O 下方绘图区并单击鼠标左键，得到圆弧 P（图 2-42）。

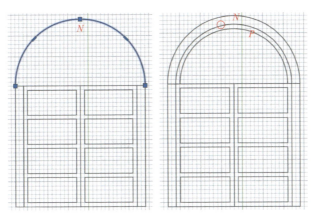

图 2-42　绘制多个圆弧

第四步，绘制等分图形。使用命令："修剪（Trim）"，快捷键"TR"；"环形阵列（Arraypolar）"，快捷键"AR"。

① 绘制一个圆形。以图 2-43 中的红点处为圆心，画一个直径为 300 的圆。

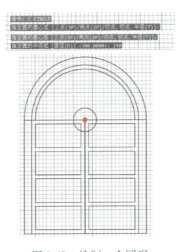

图 2-43　绘制一个圆形

② 将圆形修剪为半圆。选中直线 Q，使用"修剪"命令，输入快捷键"TR"并按空格键确定，单击圆弧 R（图 2-44）。

③ 将直线 S 进行环形矩阵。绘制一条直线 S。选中直线 S，单击"阵列"选项下拉菜单，选择"环形阵列"选项，或输入快捷键"AR"并按空格键确定，启动"环形阵列"命令。单击图 2-45 中的红点处，指定阵列中心点。将项目数设为"16"，单击绘图区任意处。

④ 输入快捷键"X"，选中图形将其分解。选中图 2-46 中的直线，按"Delete"键删除。

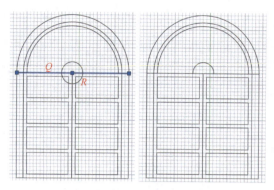

图 2-44　将圆形修剪为半圆

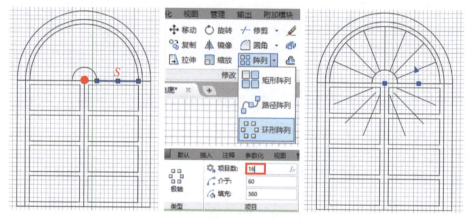

图 2-45　将直线 S 进行环形矩阵

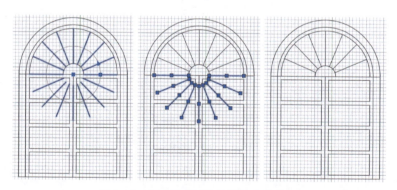

图 2-46　分解环形矩阵并删除多余线条

　　⑤ 以红点处为圆心，绘制圆弧 T。选中圆弧 T，使用"镜像"命令，得到圆弧 U。删除圆弧 T（图 2-47）。

　　⑥ 将圆弧 U 进行环形矩阵。选中圆弧 U，单击"阵列"选项下拉菜单，选择"环形阵列"选项，或输入快捷键"AR"并按空格键确定，启动"环形阵列"命令。单击图 2-48 中的红点处，指定阵列中心点。将项目数设为"16"，单击绘图区任意处。

　　⑦ 输入快捷键"X"，选中图形分解。选中图 2-49 中圆弧，按"Delete"键删除，欧式圆拱门绘制完成。

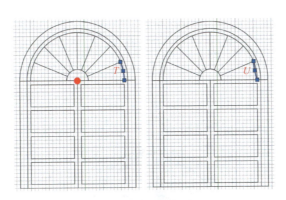

图 2-47　镜像圆弧

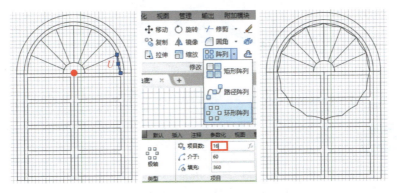

图 2-48　将圆弧 U 进行环形矩阵

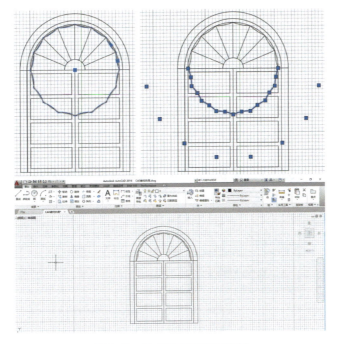

图 2-49　完成欧式圆拱门绘制

任务五 绘制圆形地面铺装

任务描述

绘制如图 2-50 所示的圆形地面铺装。

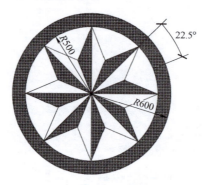

图 2-50 圆形地面铺装范例

圆形地面铺装的
第一种绘制方法

圆形地面铺装的
第二种绘制方法

任务实施

第一步，绘制线图。使用命令："旋转（Rotate）"，快捷键"RO"。

① 绘制环形。画一个半径为 600 的圆 A。选中圆 A，输入快捷键"O"并按空格键确定，输入数值"100"，单击圆 A 内侧，得到圆 B（图 2-51）。

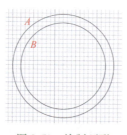

图 2-51 绘制环形

② 使用"旋转"命令绘制直线 D。以圆心为端点，先画垂直直线 C。使用"旋转"命令，输入快捷键"RO"，选中直线 C 并按空格键确定，输入"C"并按空格键确定，输入数值"22.5"并按空格键确定，得到直线 D（图 2-52）。

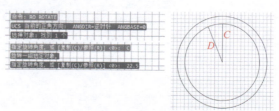

图 2-52 使用"旋转"命令绘制直线 D

③ 使用"镜像"命令绘制直线 E、F、G。输入快捷键"MI"并按空格键确定，选中直线 D，以直线 C 为镜像线，得到直线 E。输入快捷键"MI"并按空格键确定，选中直线 D 和直线 E，以直线 D 和直线 E 的中心点为镜像线的两点，得到直线 F 和直线 G（图 2-53）。

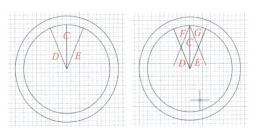

图 2-53　使用"镜像"命令绘制直线 E、F、G

④ 使用"修剪"命令修剪直线 D、E、F、G，得到菱形。选中图 2-54 中的直线 H，按"Delete"键删除。

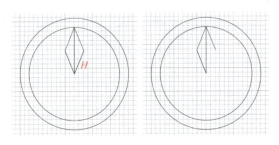

图 2-54　修剪得到菱形并删除多余线条

⑤ 选中如图 2-55 所示的直线，单击"阵列"选项下拉菜单，选择"环形阵列"选项。以圆心为阵列中心点，将项目数设为"8"，单击绘图区任意处。

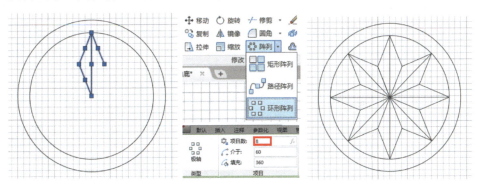

图 2-55　将直线环形阵列

第二步，图案填充。使用命令："图案填充（Hatch）"，快捷键"H"。

输入快捷键"H"并按空格键，启动"图案填充"命令。鼠标左键依次单击如图 2-56 所示圆点示意区域，图案填充完成。

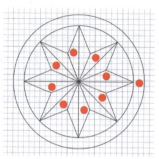

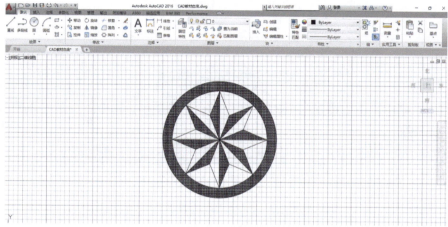

图 2-56 完成图案填充

任务六 绘制自由曲线模纹花坛

任务描述

绘制如图 2-57 所示的模纹花坛。

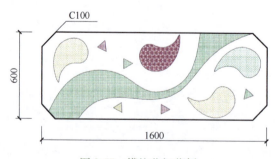

图 2-57 模纹花坛范例

自由曲线模纹花坛的
第一种绘制方法

自由曲线模纹花坛的
第二种绘制方法

任务实施

第一步，绘制花坛边界及辅助线。使用命令："射线（RAY）"；"倒角（Chamfer）"，快捷键"CHA"。

① 绘制一个长 1600、宽 600 的矩形。

② 输入"RAY"并按空格键，启动"射线"命令。单击矩形的一个顶点 A 为指定起点，单击一条边的中点 B 为指定通过点并按空格键确定，得到射线 C。使用同样方法画出射线 D 和射线 E，辅助线绘制完成（图 2-58）。

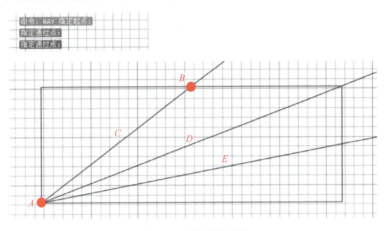

图 2-58 绘制辅助线

③ 输入快捷键"CHA"并按空格键，启动"倒角"命令。输入"D"并按空格键确定。指定第一个倒角距离为 100，输入数值"100"并按空格键确定。指定第二个倒角距离为 100，输入数值"100"并按空格键确定。输入"P"并按空格键确定。单击矩形四边的任意位置，花坛边界绘制完成（图 2-59）。

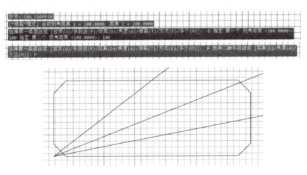

图 2-59 绘制花坛边界

第二步，绘制种植边界。使用命令："样条曲线（Spline）"，快捷键"SPL"；"编辑多段线（Pedit）"，快捷键"PE"。

① 使用"样条曲线"命令，单击"绘图"下拉菜单，单击"样条曲线控制点"。将光标移动至如图 2-60 所示位置，依次单击点 1-2-3-4-5-6-7-8-9-10-1，输入"C"并按空格键确定，得到种植区 F（图 2-60）。

② 如果对绘制的曲线不满意，可以选中曲线，单击各夹点进行夹点编辑，调整曲线形状。如果曲线的位置需要调整，可使用"移动"命令，将曲线移动至合适的位置。

③ 对种植区 F 使用"复制""旋转""移动"命令，得到种植区 G、H、J（图 2-61）。

④ 删除辅助线 C、D、E。

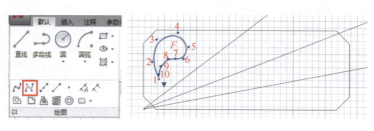

图 2-60　绘制种植区 F

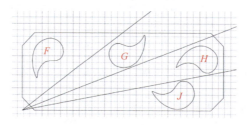

图 2-61　复制种植区

⑤ 使用"样条曲线"命令，绘制曲线 K。单击"绘图"下拉菜单，单击"样条曲线控制点"。将光标移动至如图 2-62 所示位置，依次单击点 1-2-3-4-5-6-7-8 并按空格键确定，得到曲线 K。

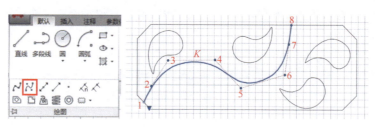

图 2-62　绘制曲线 K

⑥ 使用"样条曲线"命令，绘制曲线 L，绘制方法参考曲线 K。种植区 M 绘制完成（图 2-63）。

⑦ 使用"直线"命令绘制三角形 P。使用"编辑多段线"命令，输入快捷键"PE"并按空格键确定。输入"M"并按空格键确定。依次选中三角形 P 的三条边并按空格键确定。输入"Y"并按空格键确定。输入"J"并按空格键确定，得到三角形 P（图 2-64）。

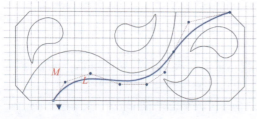

图 2-63　绘制种植区 M

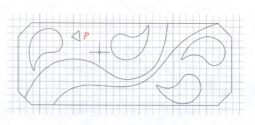

图 2-64　绘制三角形 P

⑧ 绘制三角形 R、S、T、U，绘制方法参考三角形 P（图 2-65）。

第三步，填充种植区域。使用命令："图案填充（Hatch）"，快捷键"H"。

① 输入快捷键"H"并按空格键，启动"图案填充"命令。输入"S"并按空格键确定。输入"K"并按空格键确定。单击种植区 F 内任意点并按空格键确定（图 2-66）。

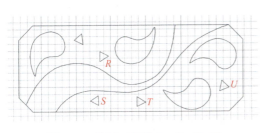

图 2-65　绘制三角形 R、S、T、U

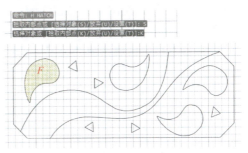

图 2-66　填充种植区 F

② 使用"图案填充"命令，填充其他种植区。自由曲线模纹花坛绘制完成（图 2-67）。

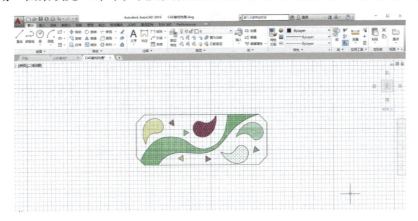

图 2-67　自由曲线模纹花坛绘制完成

工 作 手 册

【调用绘图辅助工具】

【几种主要的快速绘图模式】

【直线类图形的绘制】

【曲线类图形的绘制】

【创建复合线型】

【复制的几种方式】

【"Fillet"圆角的特殊用法】

【图案填充】

【调用绘图辅助工具】

AutoCAD 为用户提供了"捕捉（Snap）""栅格（Graid）""正交（Ortho）""极轴"、"对象捕捉（Osnap）""对象追踪""动态输入（DYN）"等绘图辅助工具来设定绘图模式，帮助用户快速绘图。绘图模式可在绘图过程中任意打开与关闭，绘图辅助工具的调用有以下4 种方法。

1）在状态栏中，单击辅助绘图工具按钮，即为打开模式；再次单击，即关闭模式，如图 2-68 所示。

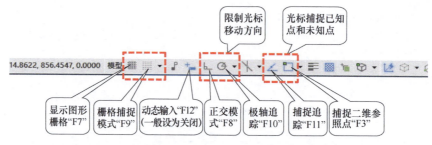

图 2-68　在状态栏中调用辅助工具

2）用户可利用功能键控制绘图模式。

3）鼠标右键单击状态栏中任意辅助绘图工具按钮，在弹出的菜单中勾选绘图模式。

4）选择"工具"→"绘图设置"命令，弹出如图 2-69 所示的"草图设置"选项卡，在选项卡中勾选绘图模式。

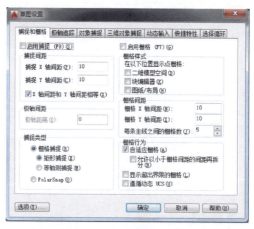

图 2-69　"草图设置"选项卡

【几种主要的快速绘图模式】

一、"捕捉"与"栅格"

如果"捕捉"功能关闭，移动鼠标时光标比较流畅并无阻滞感。如果"捕捉"功能打开，光标将按设定好的数值作跳跃式移动。捕捉间距在 X

点的捕捉及
点的追踪

方向和 Y 方向一般相同，也可以不同。

　　栅格是显示可见的参照网格点，当"栅格"打开时，它在图形界限范围内显示出来。栅格既不是图形的一部分，也不会输出，但对绘图起着重要作用，如同坐标纸一样。栅格点的间距值可以和捕捉间距一样，也可以不同。例如，在一些建筑专业软件中，为了与建筑模数一致，就把栅格设为 3000，光标捕捉设为 300。

二、"正交"模式

　　当"正交"模式打开时，AutoCAD 限定只能画水平线和铅垂线，使用户可以精确地绘制水平线和铅垂线，但不影响从键盘输入点的坐标。因此如果要绘制的图形完全由水平或垂直的直线组成时，使用这种模式是非常方便的。另外，"正交"模式打开后，执行"移动"命令时，也只能沿水平方向和铅垂方向移动图形对象。

辅助方式
精确绘制

> **提示：** 用鼠标进行绘图时，指定的第一点可以是任意点，但打开"正交"模式后指定的点相对于前一点只能是在水平或者垂直线上的位置。如果绘制时发现鼠标不能正确绘制，应及时切换"正交"模式。

三、对象捕捉

1. "对象捕捉"模式

　　"对象捕捉"是 AutoCAD 中最为重要的工具之一。使用"对象捕捉"可以利用已绘制的图形上的几何特征点给新点精确定位，使用户在绘图过程中可直接利用光标来准确地确定目标点，如圆心、端点、垂足等特定点。在连接线时可以利用"对象捕捉"精确地闭合起点或终点。用户通过"对象捕捉"命令捕捉实体对象后，该实体将以高亮显示，即组成实体的边界轮廓线由原线型变为虚线，可明显地与未被捕捉到的实体区分开。用户可以通过"草图设置"中的"对象捕捉"选项卡来进行设置，如图 2-70 所示。

　　下面介绍"对象捕捉"选项卡中各选项的含义。

　　（1）"启用对象捕捉"复选框　可以通过该复选框来控制是否打开"对象捕捉"命令。只有在打开"对象捕捉"命令时，关于"对象捕捉"样式的选项才会被激活。也可以利用功能键"F3"打开或关闭"对象捕捉"命令。

　　（2）"启用对象捕捉追踪"复选框　可以通过该复选框来设置是否运行跟踪对象捕捉，也可以通过"系统变量（Autosnap）"来设置是否运行跟踪对象捕捉，或通过功能键"F11"打开或关闭跟踪对象捕捉。

　　（3）"对象捕捉模式"　在该设置区中，可以通过如下选项设置自动运行"对象捕捉"的内容。

　　1）"端点"用来捕捉对象（如圆弧或直线等）的端点。

　　2）"中点"用来捕捉对象的中间等分点。

　　3）"交点"用来捕捉两个对象的交点。

　　4）"外观交点"用来捕捉两个对象延长或投影后的交点，即两个对象没有直接相交时

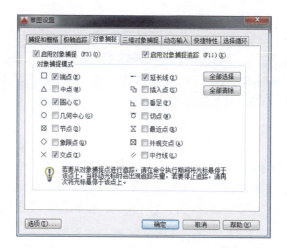

图 2-70 "草图设置"中的"对象捕捉"选项卡

系统可自动计算其延长后的交点，或者空间异面直线在投影方向上的交点。在二维空间"交点"和"外观交点"的效果一样。

5）"延长线"用来捕捉某个对象及其延长路径上的一点。在这种捕捉方式下，将光标移到某条直线或圆弧上时，将沿直线或圆弧路径方向显示一条虚线，用户可在此虚线上选择一点。

6）"圆心"用于捕捉圆或圆弧的圆心。

7）"象限点"用于捕捉圆或圆弧上的象限点。象限点是圆在 0°、90°、180°、270° 方向上的点。

8）"切点"用于捕捉对象之间相切的点。

9）"垂足"用于捕捉某指定点到另一个对象的垂点。

10）"平行线"用于捕捉与指定直线平行方向上的一点。创建直线并确定第一个端点后，可在此捕捉方式下将光标移到一条已有的直线对象上，该对象上将显示平行捕捉标记；然后移动光标到指定位置上，将显示一条与原直线相平行的虚线，用户可在此虚线上选择一点。

11）"节点（D）"。用于捕捉点对象。

12）"插入点（S）"。用于捕捉块形文字属性或属性定义等对象的插入点。

13）"最近点（R）"。用于捕捉对象上距指定点最近的一点。

用户还可将某些捕捉方式设置为自动捕捉状态，此时将自动判断符合捕捉设置的目标点，并显示捕捉标记。

2. "运行捕捉"与"临时捕捉"

在绘图过程中，用户可以在"草图设置"的"对象捕捉"选项卡中选中几种常用的"对象捕捉"模式，这样当打开或关闭"对象捕捉"时，可以同时控制这几种"对象捕捉"模式，即同时打开或同时关闭所选中的"对象捕捉"模式，这种捕捉方式被称为"运行捕捉"。

在绘图过程中，可能某一步骤仅需要一种捕捉方式。此时，为了避免受到其他捕捉方式的影响，可以在指定点的提示下通过输入所需捕捉模式的关键词［即捕捉模式英文名的前 3 个字母，如 "Mid"（中点）、"Cen"（圆心）等］，或者选择 "菜单栏"→"工具"→"工具栏"→"AutoCAD"→"对象捕捉" 调出 "对象捕捉" 工具栏，使用 "临时捕捉" 模式（图 2-71）。还可以在绘图过程中按住键盘的 "Ctrl"+鼠标右键或者 "Shift"+鼠标右键，出现临时捕捉点的系列选项（图 2-72）。"临时捕捉" 仅对本次点的捕捉有效，如果想一次设置多种临时捕捉模式，则各种捕捉模式关键词之间用逗号隔开。本次捕捉完毕后即恢复到运行捕捉方式。

图 2-71　临时捕捉工具栏

3. 临时追踪点

从严格意义上讲，"临时追踪点" 并不属于任何一种 "对象捕捉" 模式，但是经常需要利用 "临时追踪点" 来高效准确地捕捉点。利用 "临时追踪点"，用户可以在一次具体的操作中创建多条追踪线，然后根据这些追踪线确定所要定位的点，避免绘制辅助线的麻烦。

4. 调节器

当用户使用相对坐标指定下一个所需指定点的时候，"捕捉自" 调节器提示输入使用的基点。它将建立一个临时参考点，这与使用相对坐标时输入前缀 "@" 把上一个点作为参考点相类似。在提示指定一个点时，首先用其他 "对象捕捉" 模式或其他方法选择一个临时基点，接着命令行将提示输入偏移量以定位和基点相关的点。直接输入偏移量时应注意光标的方向位置。

图 2-72　临时捕捉点选项

5. 追踪

当自动追踪打开时，绘图窗口中将出现追踪线（追踪线可以是水平线或垂直线，也可以有一定角度），它可以帮助用户精确确定位置和角度以创建对象。在用户界面的状态栏中可以看到，AutoCAD 提供了两种追踪模式，即 "极轴"（极轴追踪）与 "对象追踪"（对象捕捉追踪）。下面就来介绍这两种追踪方式。

（1）极轴追踪　"极轴追踪" 模式的打开、关闭方法与状态栏上其他绘图辅助工具的打开、关闭方法类似，可以通过用户界面状态栏中的 "极轴" 按钮 极轴 或者快捷键 "F10" 控制。在 "草图设置" 中选择 "极轴追踪" 选项卡，如图 2-73 所示，完成设置。在打开 "极轴追踪" 模式后，追踪线由相对于起点和端点的极轴角定义。

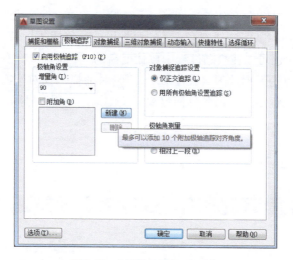

图 2-73 "极轴追踪"选项卡

提示：必须在"极轴追踪"和"捕捉"模式（设置为"极轴捕捉"）同时打开的情况下，才能将点输入限制为极轴距离。

1）设置极轴追踪角度。在"草图设置"的"极轴追踪"选项卡中可以完成极轴追踪角度的设置。下面介绍"极轴追踪"选项卡中各选项的含义。

① 增量角：在此可以设置极轴角度增量的模数，在绘图过程中所追踪到的极轴角度将为此模数的倍数。

② 附加角：在设置角度增量后，仍有一些角度不等于增量值的倍数。对于这些特定的角度值，用户可以单击"新建"按钮，添加新的角度，使追踪的极轴角度更加全面（最多只能添加 10 个附加角）。

③ 绝对：极轴角度绝对测量模式。选择此模式后，系统将以当前坐标系下的 X 轴为起始轴计算出所追踪到的角度。

④ 相对上一段：极轴角度相对测量模式。选择此模式后，系统将以上一个创建的对象为起始轴计算出所追踪到的相对于此对象的角度。

2）设置"极轴捕捉"。要打开"极轴捕捉"，可以在"草图设置"的"捕捉和栅格"选项卡中选择"捕捉的样式和类型"为"极轴捕捉"。此时，左下角"极轴间距"选项组中的"极轴距离"文本框被激活，在该文本框中便可以设置极轴捕捉间距。在打开"极轴捕捉"后，就可以沿极轴追踪线移动精确的距离。这样在极轴坐标系中，极轴长度和极轴角度两个参数均可以精确指定，实现了快捷使用极轴坐标进行点的定位。如前文所述，如果打开"正交"模式，光标将只能沿着水平或垂直方向移动。因此，"正交"模式和"极轴追踪"模式不能同时打开。若打开了"正交"模式，"极轴追踪"模式将被自动关闭；反之，若打开了"极轴追踪"模式，"正交"模式也将被关闭。

（2）对象捕捉追踪 在 AutoCAD 中，通过使用"对象捕捉追踪"可以使对象的某些特征点成为追踪的基准点，根据此基准点沿正交方向或极轴方向形成追踪线，进行追踪。

控制"对象捕捉追踪"模式开关的办法主要有：通过用户界面状态栏中的"对象追踪"

按钮或者快捷键"F11"控制；在"草图设置"对话框中打开"对象捕捉"选项卡，选中"启用对象捕捉追踪（F11）"复选框。

在"草图设置"选项卡中打开"极轴追踪"选项卡，在"对象捕捉追踪设置"选项组中可对对象捕捉追踪进行设置。设置的选项有两种。

① 仅正交追踪：表示仅在水平和垂直方向（即 X 轴和 Y 轴方向）对捕捉点进行追踪（但切线追踪、延长线追踪等不受影响）。

② 用所有极轴角设置追踪：表示可按极轴设置的角度进行追踪。

四、"动态输入"界面

AutoCAD 2006 提供了"动态输入"功能，即用户可以在工具栏提示中输入坐标值，而不必在命令行中进行输入，这样可以帮助用户专注于绘图区域。使用功能键"F12"可以打开或关闭"动态输入"功能，也可以在状态栏上使用"动态输入"按钮。

"动态输入"有 3 个组件："指针输入""标注输入"和"动态提示"。在"动态输入"按钮上单击鼠标右键，在弹出的快捷菜单中选择"设置"命令，弹出如图 2-74 所示的"动态输入"选项卡。

（1）指针输入　选中"启用指针输入"复选框，当有命令在执行时，会在光标附近的工具栏提示中将十字光标的位置显示为坐标。用户可以在工具栏提示中输入坐标值，而不用在命令行中输入。要输入坐标，可以按"Tab"键将焦点切换到下一个工具栏提示，然后输入下一个坐标值。在指定点时，第 1 个坐标是绝对坐标，第 2 个或下一个点的格式是相对极坐标。如果要输入绝对值，则需在值前加上前缀符号"#"。

单击"指针输入"选项组中的"设置"按钮，弹出如图 2-75 所示的"指针输入设置"对话框，在"格式"选项组中可以设置指针输入时第 2 个点或者后续点的默认格式，"可见性"选项组可以设置显示坐标工具栏提示的情况。

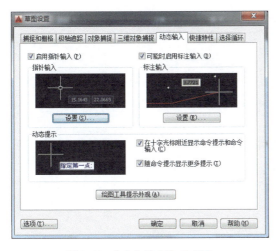

图 2-74　"动态输入"选项卡

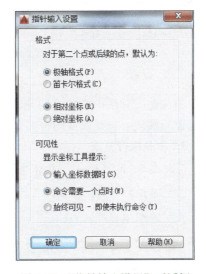

图 2-75　"指针输入设置"对话框

（2）标注输入　选中"可能时启用标注输入"复选框，当命令提示输入第 2 点时，工具栏提示将显示距离和角度值。在工具栏提示中的值将随着光标移动而改变。按"Tab"键可以移动到要更改的值。

启用"标注输入"后，坐标输入字段会与正在创建或编辑的几何图形上的标注绑定。

单击"标注输入"选项组中的"设置"按钮，弹出如图2-76所示的"标注输入的设置"对话框，在"可见性"选项组中可以设置夹点拉伸时显示的标注字段。

（3）动态提示 选中"在十字光标附近显示命令提示和命令输入"复选框，可以在工具栏提示而不是命令行中输入命令，以及对提示作出响应。如果提示包含多个选项，可按上、下箭头键查看这些选项，然后单击选择一个选项。"动态提示"可以与"指针输入"和"标注输入"一起使用。

当用户使用夹点编辑对象时，"标注输入"工具栏提示可能会显示以下信息：旧的长度、移动夹点时更新的长度、长度的改变、角度、移动夹点时角度的变化、圆弧的半径（图2-77）。

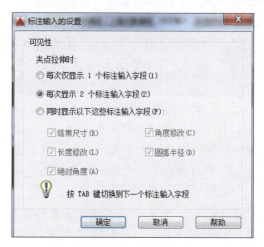

图2-76 "标注输入的设置"对话框

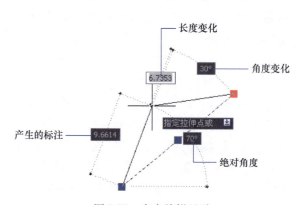

图2-77 夹点编辑显示

【直线类图形的绘制】

一、直线

直线是园林图中最基本的元素，也是使用最多的元素。AutoCAD中可利用"直线"命令绘制直线段、折线段或闭合多边形，其中每一线段均是一个单独的对象。

1. 命令执行方法

命令行："Line"或缩写"L"（图2-78）

菜单栏："绘图"→"直线"

绘图工具栏：点击

绘图工具面板：点击（图2-79）

2. 选项命令或菜单命令说明

（1）"C"或"Close" 从当前点画直线段到起点，形成闭合多边形，结束命令。

（2）"U"或"Undo" 放弃刚画的一段线段，退回到上一点，继续画直线。

图 2-78　通过命令行绘制直线

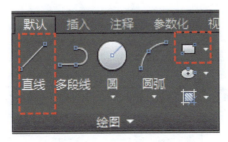

图 2-79　绘图工具面板

（3）［ ］ 表示软件默认选项，如［放弃（U）］情况下直接按"Enter"键即可按"U"命令处理。

> 提示：按"Enter"键和空格键具有同样的效果。

二、构造线

"构造线"可创建过指定点的双向无限长直线，指定点为根点，用中点可捕捉拾取该点。这种线模拟手工作图中的辅助作图线，它们用特殊的线型显示，在绘图输出时可不作输出，常用于辅助作图。"构造线"在画立面和剖面时用得比较多，用法较简单。

1. 命令执行方法

命令行："Xline"或缩写"XL"（图 2-80）

菜单栏："绘图"→"构造线"

绘图工具栏：单击图标

命令：XLINE
指定点或 [水平(H)/垂直(V)/角度(A)/二等分(B)/偏移(O)]：
指定通过点：
指定通过点：

图 2-80　通过命令行绘制构造线

2. 选项命令或菜单命令说明

（1）水平（H）　绘制过给定点的水平双向射线。

（2）垂直（V）　绘制过给定点的垂直双向射线，其操作方法与水平双向射线一样。

（3）角度（A）　绘制与 X 轴正方向成一定角度的双向射线。

（4）二等分（B）　绘制指定角的角平分双向射线。

（5）偏移（O）　绘制与已知线平行且指定距离的双向射线。

三、矩形

"矩形"工具在园林制图中可用来绘制柱子，创建的矩形底边与 X 轴平行，可带倒角、圆角等。

1. 命令执行方法

命令行："Rectang"或缩写"Rec"（图 2-81）

菜单栏："绘图"→"矩形"

绘图工具栏：单击

图 2-81　通过命令行绘制矩形

2. 选项命令或菜单命令说明

（1）C　指定倒角距离，绘制带倒角的矩形。

（2）E　指定矩形标高（Z 坐标）。

（3）F　指定圆角半径，绘制带圆角的矩形。

（4）T　指定矩形厚度。

（5）W　指定线宽。

（6）D　指定矩形的长度和宽度数值。

四、多边形

"多边形"工具在园林制图中可用来绘制柱子、铺地地砖、模纹花坛等。

1. 命令执行方法

命令行："Polygon"（图 2-82）

菜单栏："绘图"→"多边形"

绘图工具栏：单击

```
命令： POLYGON
输入侧面数 <5>：
指定正多边形的中心点或 [边(E)]：
输入选项 [内接于圆(I)/外切于圆(C)] <I>：
指定圆的半径：
```

图 2-82　通过命令行绘制多边形

2. 选项命令或菜单命令说明

可制作最少 3 个边的图形，按照内接圆和外切圆的形式绘制。

【曲线类图形的绘制】

一、圆弧

在建筑图中大量存在弧状的图形，如弧形阳台、弧形窗等。

1. 命令执行方法

命令行："Arc"或缩写"A"（图2-83）

菜单栏："绘图"→"圆弧"

绘图工具栏：单击

绘图工具面板：单击（图2-84）

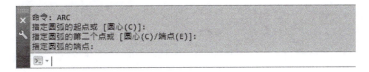

图2-83 通过命令行绘制圆弧

2. 选项命令或菜单命令说明

在"圆弧"下还有一级菜单，里面列出了圆弧的11种画法，如图2-84所示，现分别说明如下。

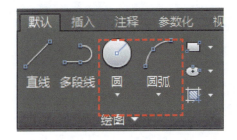

图2-84 绘图工具面板"圆弧"命令

（1）三点 给出起点（S）、第二点（2）、端点（E）画圆弧。

（2）起点（S）、圆心（C）、端点（E） 圆弧方向按逆时针。

（3）起点（S）、圆心（C）、角度（A） 圆心角（A）逆时针为正，顺时针为负，以°计量。

（4）起点（S）、圆心（C）、长度（L） 圆弧方向按逆时针，弦长度（L）为正时画出劣弧（小于半圆），弦长度（L）为负时画出优弧（大于半圆）。

（5）起点（S）、端点（E）、角度（A）　圆心角（A）逆时针为正，顺时针为负，以°计量。

（6）起点（S）、端点（E）、方向（D）　方向（D）为起点处切线方向。

（7）起点（S）、端点（E）、半径（R）　半径（R）为正时为逆时针画圆弧，为负时为顺时针画圆弧。

（8）圆心（C）、起点（S）、端点（E）　按逆时针画圆弧。

（9）圆心（C）、起点（S）、角度（A）　圆心角（A）逆时针为正，顺时针为负，以°计量。

（10）圆心（C）、起点（S）、长度（L）　圆弧方向按逆时针，弦长度（L）为正时画出劣弧（小于半圆），弦长度（L）为负时画出优弧（大于半圆）。

（11）继续　与上一线段相切，继续画圆弧段，仅提供端点即可。

二、圆

园林施工图中的平面铺装、圆柱、圆形楼梯、圆形阳台都很常见，因此经常会出现圆。

1. 命令执行方法

命令行："Circle"或缩写"C"（图2-85）

菜单栏："绘图"→"圆"

绘图工具栏：单击图标

绘图工具面板：单击（图2-86）

图2-85　通过命令行绘制圆

2. 选项命令或菜单命令说明

在"圆"的下拉菜单中列出了6种画圆的方法，如图2-86所示。选择其中之一，即可按该选项说明的顺序与条件画圆。其中"相切，相切，相切"画圆方式只能从此下拉菜单中选取，而在工具栏及命令行中均无对应的图标和命令。

三、云线

"云线"命令被广泛用于园林设计图中，尤其适用于植物种植图中的片状种植。

1. 命令执行方法

命令行："Revcloud"（图2-87）

菜单栏："绘图"→"修订云线"

绘图工具栏：单击图标 右边的下拉三角形

绘图工具面板：单击

图2-86　绘图工具面板"圆"命令

图 2-87　通过命令行绘制云线

2. 选项命令或菜单命令说明

（1）弧长（A）　输入"A"后，要求进一步指定云线的最小弧长和最大弧长。先指定最小弧长，再指定最大弧长，且最大弧长不能超过最小弧长的 3 倍。这样所画云线的每段弧长均介于最小弧长和最大弧长之间，如图 2-88 所示。该图每段弧长均介于最大弧长和最小弧长之间。

（2）对象（O）　输入"O"后，要求选择对象，接着出现如下提示。

选择对象：反转方向【是（Y）/否（N）】＜否＞

若选择"是"选项，则云线原先每段圆弧的方向均被反转（图 2-89）。若选择"否"选项，则没有变化。

图 2-88　云线

图 2-89　云线反转方向

四、样条曲线

"样条曲线"广泛应用于曲线、曲面造型领域，在园林图中经常用来绘制园路。创建样条曲线，也可以把由"Pedit"命令创建的样条拟合多段线转换为样条曲线（图 2-90）。

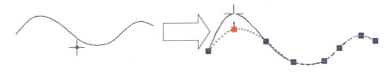

图 2-90　利用热点编辑样条曲线

1. 命令执行方法

命令行："Spline"或缩写"SPL"（图 2-91）

菜单栏："绘图"→"样条曲线"

绘图工具栏：单击 ⚫⚫ 中的一个，根据需要可以分别选择"样条曲线拟合"或"样条曲线控制点"选项来绘制。

2. 选项命令或菜单命令说明

（1）对象（O）　要求选择一条用"Pedit"命令创建的样条拟合多段线，把它转换为样

图 2-91 通过命令行绘制样条曲线

条曲线。

（2）拟合公差（F） 控制样条曲线偏离拟合点的状态，缺省值为零，样条曲线严格地经过拟合点。"拟合公差"越大，曲线对拟合点的偏离越大。利用"拟合公差"可使样条曲线偏离波动较大的一组拟合点，从而获得较平滑的样条曲线。

3. 控制点编辑

根据样条曲线的生成原理，AutoCAD 在由拟合点确定样条曲线后，还计算出该样条曲线的控制多边形框架，控制多边形的顶点称为样条曲线的控制点。如图 2-90 所示的夹点为闭合样条曲线的控制点位置，单击已画好的样条曲线，蓝色正方形控制点出现在曲线上，改变控制点的位置即可以改变样条曲线的形状。

【创建复合线型】

一、多线

在 AutoCAD 中，利用"多线"命令可绘制平行线。另外，它还提供了"Mledit"命令用于修改两条或多条多线的交点及封口样式，"mlstyle"命令用于创建新的多线样式或编辑已有的多线样式。在一个多线样式中，最多可以包含 16 条平行线，每一条平行线称为一个元素。

1. 命令执行方法

命令行："Mline"或缩写"ML"（图 2-92）

图 2-92 通过命令行绘制多线

2. 选项命令说明

"多线"命令常用来绘制道路、墙体线、窗户。

（1）对正（J） 设置对正类型。其中"上（T）"表示在光标处绘制多线的顶线，其余的线在光标之下；"无（Z）"表示在光标处绘制多线的中点，即偏移量为 0 的点；"下（B）"表示在光标处绘制多线的底线，其余的线在光标之上。

（2）比例（S） 指定多线宽度的缩放比例系数。此缩放比例系数不会影响线型的缩放比例系数。

（3）样式（ST）　指定多线样式。选择此项后，命令行会给出提示"输入多线样式名或 ［?］:"此处输入多线样式名称或者输入"?"可显示已定义的多线样式名称。

二、多段线

园林工程图中的多段线通过增大线宽来突出显示某一对象，常用来画建筑物的外轮廓。当用"多段线"绘制不规则形状时，每条线段都是该不规则形状的一部分，而使用"直线"命令绘制线段时，每条线段都是一个独立体。多段线可以由直线段、圆弧段组成，是一个组合对象，可以定义线宽、每段起点；端点宽度可变，可用于画粗实线、箭头等。利用"编辑"命令"Pedit（PE）"还可以将多段线拟合成曲线。

1. 绘制多段线

（1）命令执行方法

命令行："Pline 或缩写"PL"（图 2-93）

菜单栏："绘图"→"多段线"

绘图工具栏：单击

```
命令: PLINE
指定起点:
当前线宽为 0.0000
指定下一个点或 [圆弧(A)/半宽(H)/长度(L)/放弃(U)/宽度(W)]:
指定下一点或 [圆弧(A)/闭合(C)/半宽(H)/长度(L)/放弃(U)/宽度(W)]:
指定下一点或 [圆弧(A)/闭合(C)/半宽(H)/长度(L)/放弃(U)/宽度(W)]:
指定下一点或 [圆弧(A)/闭合(C)/半宽(H)/长度(L)/放弃(U)/宽度(W)]:
指定下一点或 [圆弧(A)/闭合(C)/半宽(H)/长度(L)/放弃(U)/宽度(W)]: c
键入命令
```

图 2-93　通过命令行绘制多段线

（2）选项命令说明

1）H 或 W。定义线宽。

2）C。用直线段闭合。

3）U。放弃一次操作。

4）L。确定直线段长度。

5）A。转换成圆弧段提示。

指定圆弧的端点或 ［角度（A）/圆心（CE）/闭合（CL）/方向（D）/半宽（H）/直线（L）/半径（R）/第二个点（S）/放弃（U）/宽度（W）］:

2. 多段线的编辑

对二维多段线的编辑包括修改线段宽、曲线拟合、多段线合并和顶点编辑等。

（1）命令执行方法

命令行："Pedit"或缩写"PE"（图 2-94）

菜单栏："修改"→"对象"→"多段线"

绘图工具栏："修改"工具栏

（2）选项命令说明　用"多段线"绘制图形时，有很多次级选项，分别举例说明如下。

1）闭合（C）或打开（O）。如选中的是开式多段线，则用直线段闭合（图 2-95）；如选中的是闭合多段线，则该项显示"打开（O）"，即可取消闭合段，转变成开式多段线。

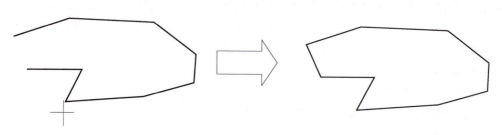

图 2-94　通过命令行编辑多段线

图 2-95　多段线闭合

2）合并（J）。以选中的多段线为主体，合并其他直线段、圆弧段和多段线，连接成为一条多段线，能合并的条件是各段端点首尾相连。

3）宽度（W）。修改整条多段线的线宽。如图 2-96 所示，原多段线各段宽度不同，利用该选项可调整为同一线宽。

图 2-96　宽度调整为同一数值

4）编辑顶点（E）。进入顶点编辑。在多段线某一顶点处出现斜十字叉，即为当前顶点标记，按提示可对其进行多种编辑操作。具体内容有：

【下一个（N）/下一个（P）/打断（B）/插入（I）/移动（M）/重生成（R）/拉直（S）/切向（T）/宽度（W）/退出（X）】<N>：

用户根据各种需要选择所需的选项即可。

5）拟合（F）。生成圆弧拟合曲线，该曲线由圆弧段光滑连接（相切）组成，如图 2-97 所示，其中右图即为左图经拟合后的图形。每对顶点间自动生成两段圆弧，整条曲线经过左图多段线的各顶点。此外，可以通过调整顶点处的切线方向（见顶点编辑"Editvertex"选项），在通过相同顶点的条件下控制圆弧拟合曲线的形状。该选项通常用于绘制园林路径、水面曲岸等自由曲线。

6）样条曲线（S）。生成样条曲线，多段线的各顶点成为样条曲线的控制点。对开式多段线，样条曲线的起点、终点和多段线的起点、终点重合；对闭式多段线，样条曲线为一光滑封闭曲线（图 2-98）。

7）非曲线化（D）。取消多段线中的圆弧段（用直线段代替）；对于选用"拟合（F）"或"样条曲线（S）"选项后生成的圆弧拟合曲线或样条曲线，则删去生成曲线时新插入的

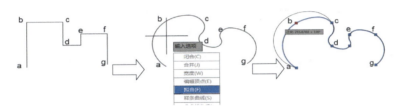

图 2-97 多段线拟合为样条曲线

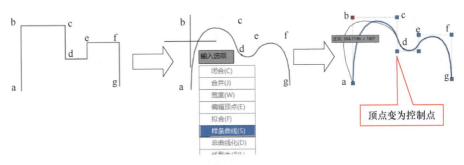

图 2-98 生成样条曲线

顶点，恢复成由直线段组成的多段线（图 2-99）。

图 2-99 非曲线化

8）线型生成（L）。控制多段线的线型生成方式。当使用虚线、点画线等线型时，如为"开（ON）"，则按多段线全线的起点与终点分配线型中各线段；如为"关（OFF）"，则分别按多段线各段来分配线型中各线段。

9）放弃（U）。取消编辑选择的操作。

三、复合线型的分解

"分解"命令不仅用于复合线型分解，还用于分解组合对象。组合对象即由多个AutoCAD基本对象组合而成的复杂对象，例如多段线、多线、标注、块、面域、多面网格、多边形网格、三维网格以及三维实体等。"分解"的结果取决于组合对象的类型。

1. 命令执行方法

命令行："Explode"或缩写"x"（图 2-100）

图 2-100 通过命令行执行"分解"命令

工具栏："修改"→

菜单栏："修改"→"分解"

2. 选项命令说明

调用该命令后，系统提示"选择要分解的对象"，此时可以连续进行选择，一次分解多个对象。

【实现复制的几种方式】

1. Windows 粘贴板

选择对象，按"Ctrl+C"键后，再按"Ctrl+Shift+C""Ctrl+V""Ctrl+Shift+V"，此时暂时复制数据到计算机内存随时调取（图 2-101）。

2. 命令行或命令面板按钮

1）一个或多个复制。在命令行输入"co"，或单击"默认"→"修改"→"复制"（图 2-102）。

2）等距离批量复制。"复制"命令执行过程中选"阵列（A）"，输入复制数量后，用鼠标指定距离方向。执行方式如图 2-103 所示。

图 2-101 通过 Windows 粘贴板复制

3）直线平均分段复制。"复制"命令执行过程中选"阵列（A）"，输入复制数量并指定直线的起点和终点（图 2-104）。

图 2-102 使用命令行或命令面板复制

图 2-103 等距离批量复制

图 2-104 直线平均分段复制

4）利用热点复制。选择热点后提示"复制（C）"，执行后即可完成一次和多次复制（图 2-105）。

5）直接复制出图块内的内容。命令行执行"Ncopy"（图 2-106）。

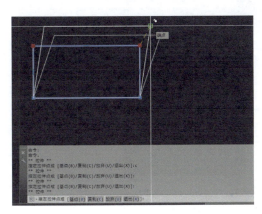

图 2-105　利用热点复制

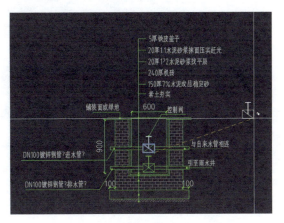

图 2-106　直接复制出图块内的内容

6）拖动复制图形。该种复制方式是直接从一个模型空间拖动一个图元对象，到另一个模型空间并释放鼠标按钮。

7）图块插入复制。常用来沿路径插入栏杆、平面树图块，执行方式如图 2-107 所示。

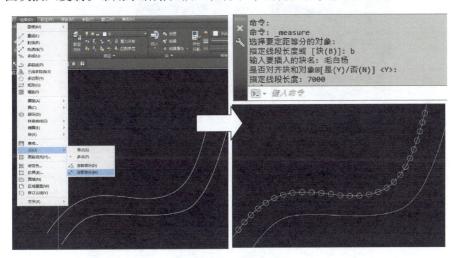

图 2-107　图块插入复制

8）阵列复制。命令行输入"AR"，具体执行方式如图 2-108 所示。

9）偏移复制。利用偏移命令"Offset"（快捷键"O"）进行偏移复制，执行方式如图 2-109 所示。

【"Fillet" 圆角的特殊用法】

1）不用修改设置直接选择两条平行线进行圆角设置（图 2-110）。

2）圆角半径设为 0，将圆角变为倒角（图 2-111）。

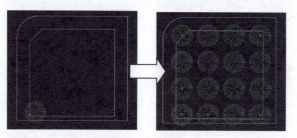

图 2-108　阵列复制

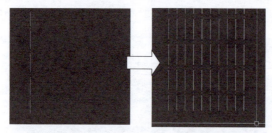

图 2-109　偏移复制

图 2-110　直接选择两条平行线进行圆角设置

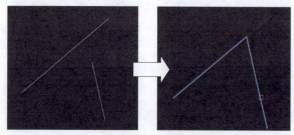

图 2-111　将圆角变为倒角

【图案填充】

AutoCAD 的"图案填充（Hatch）"功能由"图案填充和颜色渐变"选项面板完成。"图案填充"可用于绘制剖面符号或剖面线表现表面纹理，在建筑平面图、构造详图等各类图样中常会用到。"颜色填充"可应用于平面图制作等方面代替第三方软件的后期处理过程。

1. 命令执行方法

❧ 命令行："Bhatch"或缩写"H""BH"（图 2-112）

❧ 菜单栏："绘图"→"图案填充"

❧ 绘图工具栏：单击图标

图 2-112　使用命令行执行"图案填充"命令

2. 主要命令格式或菜单命令说明

"Bhatch"命令启动以后，出现"边界图案填充"对话框。该对话框包含"图案填充"和"渐变色"两个选项卡（图 2-113），默认打开的是"图案填充"选项卡，其主要选项及操作说明如下。

（1）"类型"　用于选择图案类型，各选项为："预定义""用户定义"和"自定义"。

（2）"图案"　显示当前填充图案名。

（3）"样例"　显示当前填充图案。

（4）"角度"　填充图案与水平方向的倾斜角度。

（5）"比例"　填充图案的比例。

（6）"拾取点"　用拾取点的方法确定填充边界。

（7）"选择对象"　用选对象的方法确定填充边界。

（8）"删除孤岛"　在拾取内点后，对封闭边界内检测到的孤岛予以忽略。

（9）"预览"　预览填充结果，以便于及时调整修改。

（10）"继承特性"　在图案填充时，通过继承选项，可选择上一个已有的图案填充来继承它的图案类型和有关的特性设置。

（11）"组合"选项组　规定了图案填充的"关联"和"不关联"两个性质。

（12）"确定"　按所做的选择绘制图案填充。填充图案按当前设置的颜色和线型绘制。

图 2-113　图案填充和渐变色填充

3. 图案填充区边界的确定与孤岛检测

图案填充时，系统提示用户在图案填充边界内任选一点，系统按一定方式自动搜索，从而生成封闭边界。出现在填充区内的封闭边界称为孤岛，它包括字符串的外框等。确定图案填充区的边界是进行正确图案填充的一个重要前提。

AutoCAD 规定只能在封闭边界内填充，封闭边界可以是圆、椭圆、闭合的多段线、样条曲线等。如不存在封闭边界，则不能完成填充。如图 2-114 左图中，外轮廓线为 3 条直线段，首尾不相连，直接填充无法实施，但可以通过"Boundary（边界）"命令，构造一条

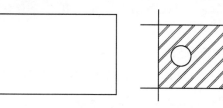

图 2-114 闭合填充边界

闭合多段线边界，或在执行"Bhatch"命令过程中，系统自动构造临时的闭合多段线边界，所以是可以填充的，图 2-114 右图为处理后填充可以实现的效果。

4. 填充方式及关联性

AutoCAD 提供 3 种填充样式，供用户选用，如图 2-115 所示。

（1）普通样式 对于孤岛内的孤岛，AutoCAD 采用隔层填充的方法，如图 2-115a 所示，这是缺省设置的样式。

（2）外部样式 只对最外层进行填充，如图 2-115b 所示。

（3）忽略样式 忽略孤岛，全部填充，如图 2-115c 所示。

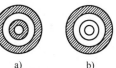

a)　　　　b)　　　　c)

图 2-115 填充关联样式

在缺省设置情况下，图案填充对象和填充边界对象是关联的，这使得对于绘制完成的图案填充，可以使用各种编辑命令修改填充边界，图案填充区域也随之作关联改变，十分方便。填充功能的关联属性将对系统的性能有极大的影响，建议不要使用关联设置，否则系统的速度可能会显著降低。

 课后练习

1. 在绘制题库中选择图形进行练习。

2. 下载道路立交桥平面图综合绘制。

3. 利用"打断（BR）""多段线编辑（PE）""多段线（PL）""边界（BO）"等命令绘制园林花窗（图 2-116）。

4. 打开"房间变形 . dwg"，利用"STRETCH（S）"命令，参考如图 2-117 所示过程调整房间尺寸。

5. 根据详图尺寸，利用"填充（H）""边界（BO）""多段线（PL）""偏移（O）"等命令绘制台阶剖面详图（图 2-118）。

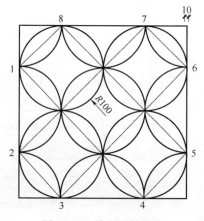

图 2-116 绘制园林花窗

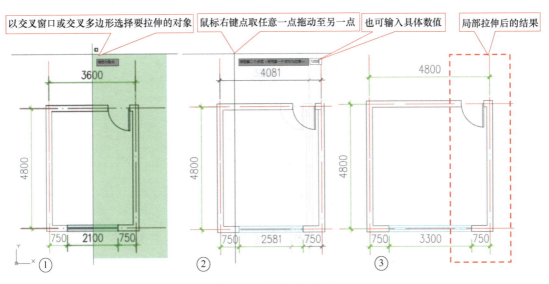

图 2-117　调整房间尺寸

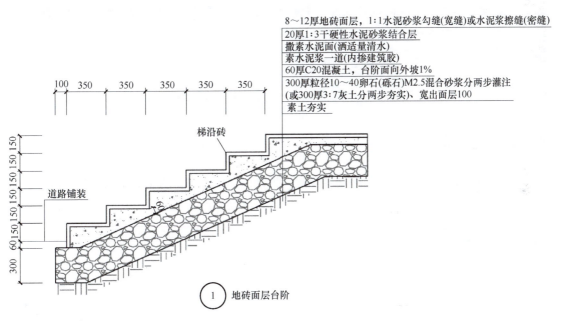

8～12厚地砖面层，1:1水泥砂浆勾缝(宽缝)或水泥浆擦缝(密缝)

20厚1:3干硬性水泥砂浆结合层

撒素水泥面(洒适量清水)

素水泥浆一道(内掺建筑胶)

60厚C20混凝土，台阶面向外坡1%

300厚粒径10～40卵石(砾石)M2.5混合砂浆分两步灌注
(或300厚3:7灰土分两步夯实)、宽出面层100

素土夯实

梯沿砖

道路铺装

① 地砖面层台阶

图 2-118　台阶剖面详图

绘制复杂图形

◎ 教学目标

1. 知识目标：学会绘制复杂图形。学习直线图形、曲线图形的绘制、填充等命令。

2. 能力目标：熟练掌握 AutoCAD 中二维图块制作及编辑、层的设置、文字标注、尺寸标注格式设置，为今后绘制园林工程图样打下坚实基础。

3. 素质目标：培养对设计认真负责的工作态度、严谨求实的鲁班精神，利用课后练习题赵州桥和熊猫的绘制，培养爱国情怀。

任务一　根据方案绘制园林规划图

任务描述

如图 3-1 所示为××大学校园广场景观规划设计图，该广场长约 150m，宽约 110m。场内东侧、西侧、北侧为车行路，南侧为步行路。试完成校园广场规划 CAD 平面图绘制。

任务实施

一、绘图环境设置

1. 单位设置

用于对图形单位进行设置。具体操作方法是：选择菜单栏中的"格式"→"单位"或者在命令行输入"Units"，打开"图形单位"对话框，按图 3-2 所示进行设置，然后单击"确定"按钮完成设置。

绘图环境设置

2. 新建图形的界限设置

AutoCAD 一般采用 1:1 的比例绘图，考虑到××大学校园广场的尺寸（图 3-3）和绘图需要，将图形界限设为 297000×210000。具体操作方法是：选择菜单栏中的"格式"→"图形界限"或在命令行输入"Limits"，进行设置。命令行提示与操作如图 3-4 所示。

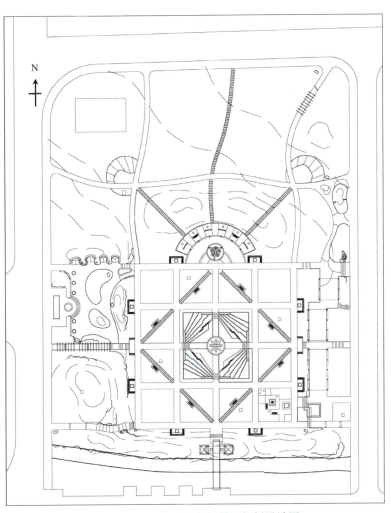

图 3-1　××大学校园广场景观规划设计图

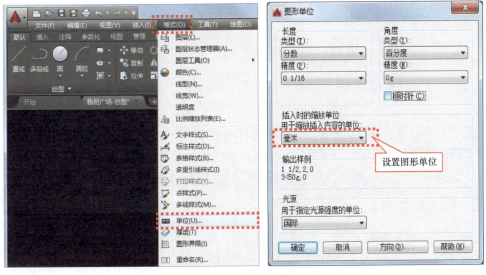

图 3-2　图形单位参数设置

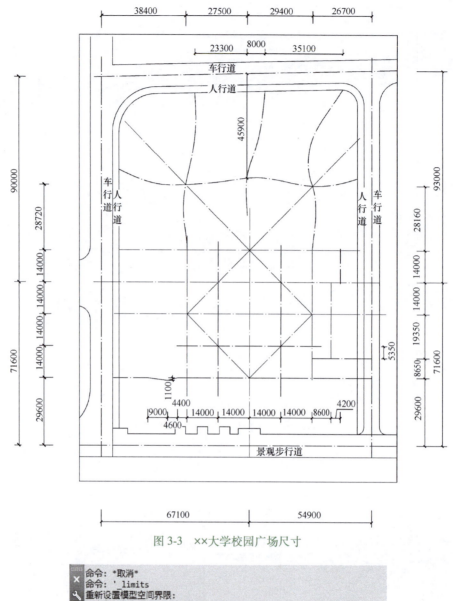

图3-3 ××大学校园广场尺寸

命令: *取消*
命令: '_limits
重新设置模型空间界限:
指定左下角点或 [开(ON)/关(OFF)] <0,0>:
指定右上角点 <297000,210000>:

图3-4 "图形界限"命令的命令行提示与操作

注意: 如果是新开视口绘制图形, 可以进行图形界限设置, 利于显示范围内的图形, 但为非必要步骤, 直接打开原图纸即可绘制; 如果打开的图纸尺寸很大, 不能完全显示(图3-5), 可以输入快捷命令"Z", 按命令提示输入"A", 即可显示全部图形。

二、轴线的绘制

1. 建立"轴线"图层

单击"默认"选项卡→"图层"面板→"图层特性"按钮，建立"轴线"图层, 颜色选取1号红色, 线型为Dote, 线宽为默认, 并将该图

轴线的绘制

层设置为当前图层。

2. "对象捕捉"设置

将光标箭头移到状态栏"对象捕捉"按钮，并右击，在弹出的快捷菜单（图 3-6）中选择"对象捕捉设置"选项，打开"草图设置"对话框的"对象捕捉"选项卡，将捕捉模式按图 3-7 所示进行设置，然后单击"确定"按钮。单击"对象捕捉"按钮或按"F3"键，可打开或关闭"对象捕捉"功能。

3. 轴线的绘制

轴线的绘制是绘图的基础，可以辅助后期进行设计和制图。使用"直线""多段线""样条曲线""复制""偏移""移动""修剪""延伸"等命令，绘制如图 3-3 所示的轴线。

三、园路的绘制

1. 建立图层

建立"园路"图层，颜色选取 6 号洋红，线型为 Continuous，线宽为默认，并使该图层处于当前图层；建立"步石"图层，颜色选取 9 号灰红，线型为 Continuous，线宽为默认。

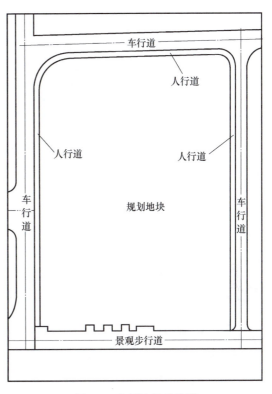

图 3-5　广场地块现状图

图 3-6　"对象捕捉"快捷菜单

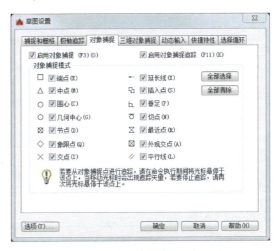

图 3-7　"对象捕捉"设置

2. 绘制园路

如图 3-8 所示为园路规划图，广场内园路宽度有 1800、2200、4400、6500 四种尺寸。这里的园路中心线，就是前文绘制的部分轴线（图 3-9）。

绘制园路

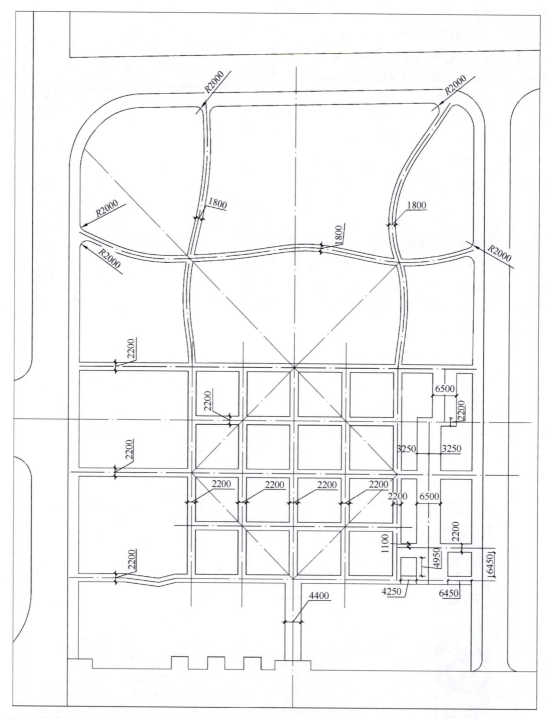

图 3-8 园路规划图

（1）"偏移"园路中心线

① 绘制宽度 1800 的园路的边线：单击"偏移"按钮，选择对应的园路中心线（图 3-9），分别向两侧进行偏移（偏移距离为 900），作为园路的边线，效果如图 3-10 所示。

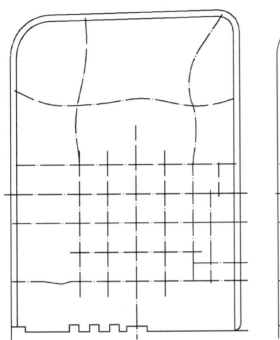

图 3-9　园路轴线（园路中心线）　　　图 3-10　使用"偏移"命令绘制宽 1800 的园路的边线

② 绘制宽度 2200 的园路的边线：单击"偏移"按钮，选择对应的园路中心线（图 3-9），分别向两侧进行偏移（偏移距离为 1100），作为园路的边线，效果如图 3-11 所示。

③ 重复①，绘制其他园路的边线，效果如图 3-12 所示。

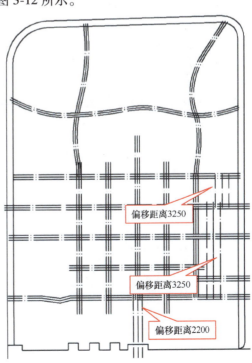

图 3-11　使用"偏移"命令绘制宽 2200 的园路的边线　　　图 3-12　使用"偏移"命令绘制其他园路的边线

（2）管理图层　选择步骤（1）绘制的园路边线，单击"图层"工具栏，将选中的对象放入"园路"图层中。

（3）修剪线条　单击"默认"选项卡→"修改"面板→"修剪"按钮，修剪掉多余的线条，效果如图3-13所示。

（4）绘制矩形　单击"矩形"按钮，如图3-13所示指定第一个角点A，绘制矩形1（4250×4950）；重复"矩形"命令，指定第二个角点B，绘制矩形2（6450×6450），如图3-14所示。删除多余的线条，结果如图3-15所示。

图3-13　修剪掉多余的线条

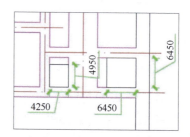

图3-14　选择角点，绘制矩形

（5）绘制多段线　如图3-13所示，宽度为1800的园路的边线由样条曲线偏移而成，无法进行"圆角"操作，可单击"多段线"按钮重新绘制，并删除重合的样条曲线。

（6）绘制圆角　单击"默认"选项卡→"绘图"面板→"圆角"按钮，设置圆角半径为2000，选择步骤（5）绘制的多段线，将园路转弯处转换为圆角，结果如图3-16所示。

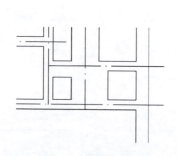

图3-15　删除多余线条

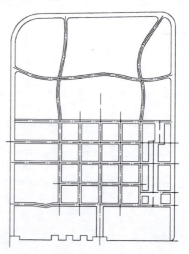

图3-16　将园路转弯处转换为圆角

3. 绘制步石路

如图 3-17 所示为一条宽 1200 的步石路，步石尺寸 470×1200，步石间距 600。绘制步骤如下。

（1）绘制矩形 选择"步石"图层，单击"默认"选项卡→"绘图"面板→"矩形"按钮▢，绘制一个尺寸为 470×1200 的矩形（图 3-18）。

绘制步石路

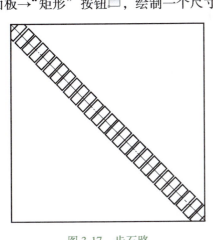

图 3-17 步石路

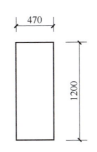

图 3-18 绘制矩形

（2）创建步石图块 单击"默认"选项卡→"块"面板→"创建"按钮，弹出"块定义"对话框（图 3-19）。先在"名称"框中输入块名称"步石"；再单击"拾取点"按钮，指定图块的"重心"为基点；然后单击"选择对象"按钮，选择"步骤（1）"绘制的矩形，按"Enter"键或空格键确定；单击"确定"按钮，图块创建完毕。

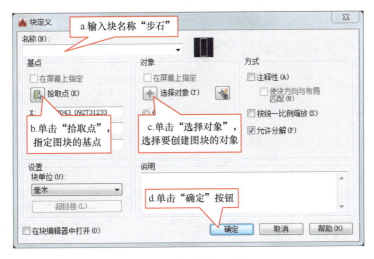

图 3-19 创建步石图块

（3）绘制步石路中心线 如图 3-20 所示。

（4）定距等分，布置步石 选择菜单栏中的"绘图"→"点"→"定距等分"命令，命令行输入"b"，输入要插入的块名"步石"，指定线段长度（等分距离）"600"，命令行提示与操作如图 3-21 所示。布置结果如图 3-22 所示。

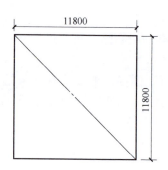

图 3-20　绘制步石路中心线

命令：_measure
选择要定距等分的对象：
指定线段长度或 [块(B)]：b
输入要插入的块名：步石
是否对齐块和对象？[是(Y)/否(N)] <Y>：
指定线段长度：600

图 3-21　"定距等分"命令行提示与操作

（5）修整边角　如图 3-22 所示，步石路两端的步石 A、步石 B 超出了绿地范围，需要使用"修剪"命令修剪两端的步石。因为步石 A、B 为图块，无法直接进行修剪，所以需要先使用"默认"选项卡→"修改"面板→"分解"命令，将步石 A、B 进行分解；再单击"默认"选项卡→"修改"面板→"修剪"按钮，修剪掉多余的线条。

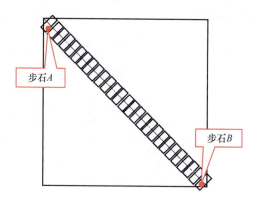

步石A

步石B

图 3-22　步石图块定距等分

四、水体的绘制

（1）建立"水体"图层　颜色选取 5 号蓝，线型为 Continuous，线宽为 0.9，并使该图层处于当前状态。

（2）绘制水体形状　如图 3-1 所示，主要的水体为两段排水沟。单击"默认"选项卡→"绘图"面板→"样条曲线拟合"按钮，绘制排水沟的两条边线，效果如图 3-23 所示。

水体的绘制

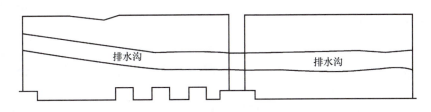

图 3-23　使用"样条曲线拟合"命令绘制排水沟边线

（3）修剪水体形状　单击"默认"选项卡→"修改"面板→"修剪"按钮 ，修剪掉多余的线条，效果如图 3-24 所示。

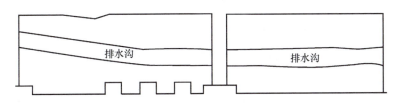

图 3-24　修剪排水沟边线

五、等高线的绘制

（1）建立"等高线"图层　颜色选取 8 号灰色，线型 Dash，线宽默认，并使该图层处于当前状态。

（2）根据周边环境绘制等高线　单击"默认"选项卡→"绘图"面板→"样条曲线拟合"按钮 ，首先绘制地形的坡脚线，然后绘制地形上的等高线。绘制效果如图 3-25 所示。

等高线的绘制

图 3-25　绘制等高线

六、场地的绘制

在××大学校园广场设计有多个场地，以中间的规则式广场为例，介绍一下场地的绘制（图3-26）。广场中心为一组雕塑，周围由四个相似的场地组成。先绘制其中一个场地（图3-27），再单击"默认"选项卡→"修改"面板→"旋转"按钮↻，使用"复制"功能，绘制其他三个场地即可。操作步骤如下。

场地的绘制

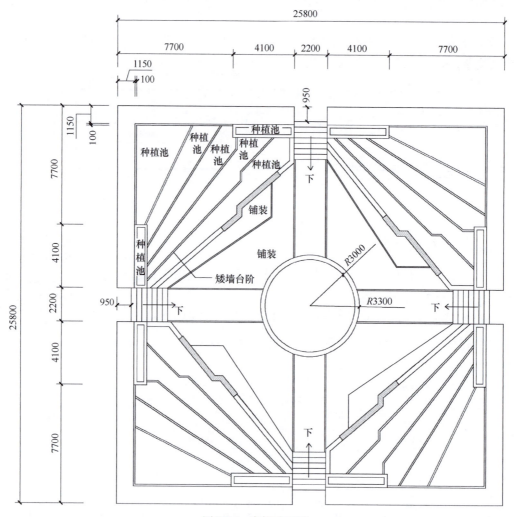

图 3-26　广场平面图

1. 建立图层

建立"辅助线（一）"图层，颜色选取 1 号红色，线型为 Dote，线宽为默认，并使该图层处于当前图层。

建立"辅助线（二）"图层，颜色选取 1 号红色，线型为 Dote，线宽为默认。

建立"广场"图层，颜色选取 6 号洋红，线型为 Continuous，线宽为默认。

建立"种植池"图层，颜色选取 3 号绿色，线型为 Continuous，线宽为 0.6。

建立"铺装"图层，颜色选取 8 号灰色，线型为 Continuous，线宽为默认。

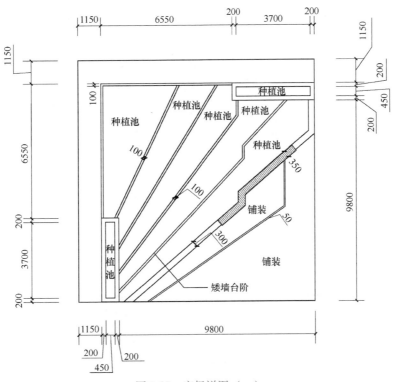

图 3-27　广场详图（一）

2. 绘制辅助线（一）

1）选择"辅助线（一）"图层，单击"默认"选项卡→"绘图"面板→"多段线"按钮，参照图 3-28 的尺寸标注，绘制 1 条横向辅助线、1 条竖向辅助线，并使两条辅助线相交。

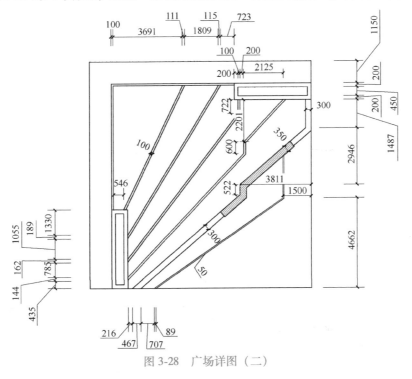

图 3-28　广场详图（二）

注意：辅助线的长度应大于或等于广场的宽度，这里辅助线的长度为 15600（图 3-29）。

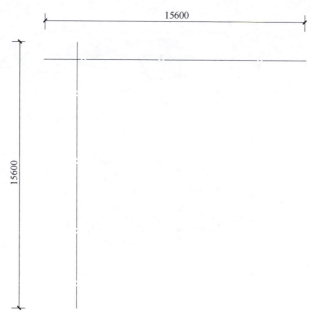

图 3-29　辅助线绘制步骤（一）

2）单击"默认"选项卡→"修改"面板→"复制"按钮，选择最上侧的辅助线为复制对象，向下侧进行复制，辅助线间距如图 3-30 所示。

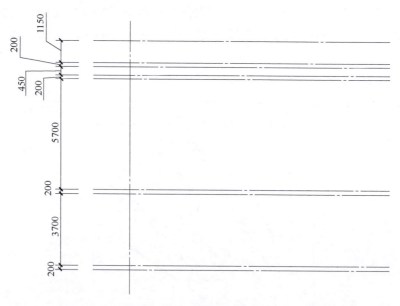

图 3-30　辅助线绘制步骤（二）

3）重复步骤 2），选择最左侧的辅助线为复制对象，向右侧进行复制，辅助线间距如图 3-31 所示。

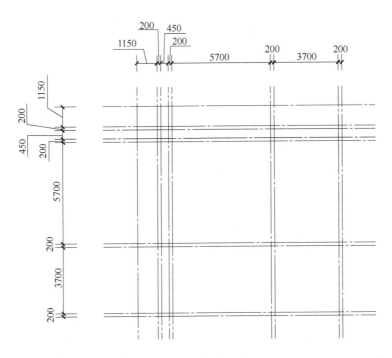

图 3-31　辅助线绘制步骤（三）

3. 绘制广场外围边线

①选择"广场"图层，单击"默认"选项卡→"绘图"面板→"多段线"按钮，参照图 3-27 的尺寸标注，绘制广场外围边线，效果如图 3-32 所示。

②单击"默认"选项卡→"修改"面板→"偏移"按钮，选择短线段，指定偏移距离100，向右下侧偏移，效果如图 3-33 所示。

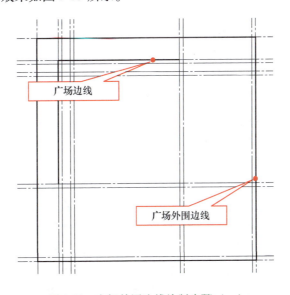

图 3-32　广场外围边线绘制步骤（一）

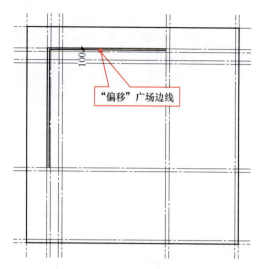

图 3-33　广场外围边线绘制步骤（二）

4. 绘制种植池

选择"种植池"图层，单击"默认"选项卡→"绘图"面板→"矩形"按钮，参照图 3-27 的尺寸标注，绘制种植池内边线和外边线，结果如图 3-34 所示。

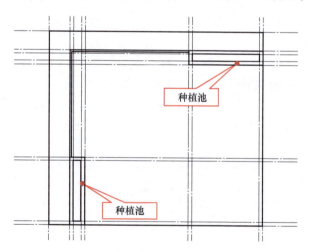

图 3-34　使用"矩形"绘制种植池边线

5. 绘制辅助线（二）

如图 3-35 所示，广场内的矮墙台阶为直线和折线形，在绘制之前，需要预先确定关键点 A、B、C、D、E、F、G、H、I、J、K、L、M、N、O、P。关键点的确定步骤如下。

隐藏"辅助线（一）"图层，选择"辅助线（二）"图层，使用"多段线""复制"或"偏移"命令，参照图 3-28 的尺寸标注，绘制辅助线（图 3-36）。通过辅助线的交点，确定关键点 A、B、C、D、E、F、G、H、I、J、K、L、M、N、O、P。

注意：因为点比较多，如果辅助线多了，容易出错，因此，这里的辅助线可以采用短线，线段长度不固定（示范案例，短线段约 2500）。

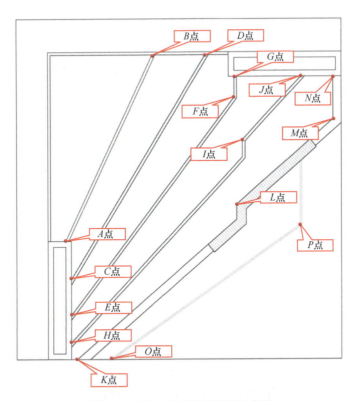

图 3-35　广场内矮墙台阶绘制示意图

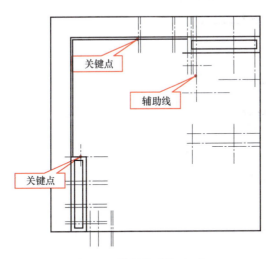

图 3-36　绘制辅助线（二）

6. 绘制矮墙台阶

1）选择"种植池"图层，单击"默认"选项卡→"绘图"面板→"矩形"按钮，参照图 3-28 的尺寸标注，绘制矮墙台阶的左侧边线，结果如下图 3-37 所示。

2）单击"默认"选项卡→"修改"面板→"偏移"按钮，选择步骤（1）绘制的矮墙台阶边线，向右侧进行偏移，偏移距离依次为 100、100、100、100、300、50，效果如图 3-38 所示。

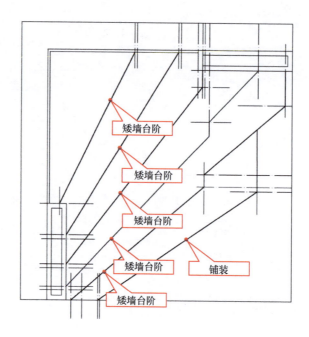

图 3-37　绘制矮墙台阶的左侧边线

3）偏移之后的部分矮墙台阶边线可能过短（图 3-39），需要进行延伸，效果如图 3-40 所示。命令行提示与操作如图 3-41 所示。

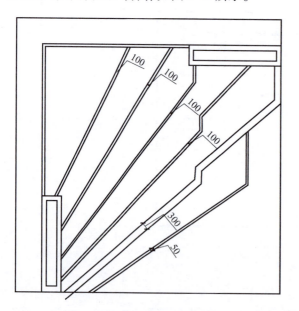

图 3-38　偏移矮墙台阶边线

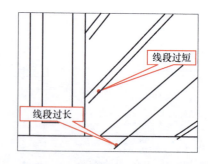

图 3-39　矮墙台阶边线过长或者过短，需要修改

4）偏移之后的部分矮墙台阶边线可能过长（图 3-39），需要进行修剪，最终效果如图 3-42 所示。操作步骤如图 3-43 所示。

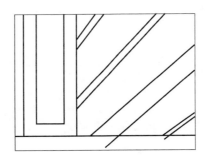

图 3-40　延伸矮墙台阶边线

```
命令: _extend
当前设置:投影=UCS, 边=无
选择边界的边...
选择对象或 <全部选择>: 找到 1 个
选择对象:
选择要延伸的对象,或按住 Shift 键选择要修剪的对象,或
[栏选(F)/窗交(C)/投影(P)/边(E)/放弃(U)]:
选择要延伸的对象,或按住 Shift 键选择要修剪的对象,或
[栏选(F)/窗交(C)/投影(P)/边(E)/放弃(U)]:
选择要延伸的对象,或按住 Shift 键选择要修剪的对象,或
[栏选(F)/窗交(C)/投影(P)/边(E)/放弃(U)]:
选择要延伸的对象,或按住 Shift 键选择要修剪的对象,或
[栏选(F)/窗交(C)/投影(P)/边(E)/放弃(U)]:
```

图 3-41　延伸矮墙台阶边线的命令行提示与操作

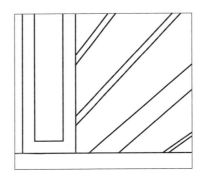

图 3-42　修剪矮墙台阶边线

```
命令: _trim
当前设置:投影=UCS, 边=无
选择剪切边...
选择对象或 <全部选择>: 指定对角点:找到 1 个
选择对象:
选择要修剪的对象,或按住 Shift 键选择要延伸的对象,或
[栏选(F)/窗交(C)/投影(P)/边(E)/删除(R)/放弃(U)]:
选择要修剪的对象,或按住 Shift 键选择要延伸的对象,或
[栏选(F)/窗交(C)/投影(P)/边(E)/删除(R)/放弃(U)]: 指定对角点:指定对角点:
选择要修剪的对象,或按住 Shift 键选择要延伸的对象,或
[栏选(F)/窗交(C)/投影(P)/边(E)/删除(R)/放弃(U)]:
```

图 3-43　修剪矮墙台阶的命令行提示与操作

7. 广场铺装图案填充

1) 选择"铺装"图层, 单击"默认"选项卡→"绘图"面板→"图案填充"按钮，
打开"图案填充编辑器"选项卡（图 3-44）。在"边界"面板单击"拾取点"按钮，选取

图案内部；在"图案"面板选择 ANSI31 样例；在"特性"面板设置填充图案比例为100，角度为80，按"Enter"键确认。

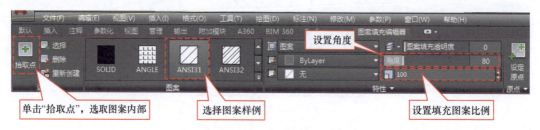

图 3-44 "图案填充编辑器"选项卡

2）重复步骤1），在"边界"面板单击"拾取点"按钮，选取图案内部；在"图案"面板选择 ANGLE 样例；在"特性"面板设置填充图案比例为60，角度为90，按"Enter"键确认。填充效果如图 3-45 所示。

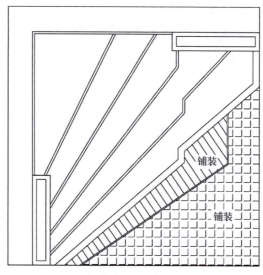

图 3-45 广场铺装图案填充示意图

8. 调用建筑小品图块，完善平面

（1）建立"建筑小品"图层 颜色选取 30 号橙色，线型为 Continuous，线宽选择 0.9，并将其设置为当前图层。

（2）调用建筑小品图例 可以将 CAD 素材库打开，选中合适的建筑小品图例（如花架、雕塑、坐凳、置石等），选择"复制"命令，然后将窗口切换至绘图的窗口，选择对应的图层，在窗口中右击，在弹出的快捷菜单中选择"粘贴"命令，这样选中的图例就复制到了图中。

（3）调整建筑小品比例 单击"修改"工具栏中的"缩放"按钮，将图例缩放至合适的大小，应参考场地大小与实际需求，调整建筑小品的尺寸。

单击"修改"工具栏中的"旋转"按钮，将图例旋转合适的角度。

单击"修改"工具栏中的"移动"按钮，将图例移动至合适的位置，效果如图 3-46 所示。

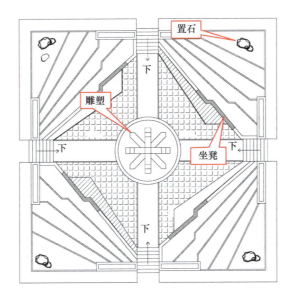

图 3-46 绘制园林建筑小品

（4）插入在当前图形中定义的块 如果找不到所需的图例，可以自行绘制图形，并定义为块。绘制的图例可以直接复制，也可使用"插入块"命令。操作步骤如下。

单击"默认"选项卡→"块"面板→"插入块"按钮，单击"更多选项"，系统弹出"插入"对话框，如图 3-47 所示，输入插入图块的名称，设置插入点位置、插入比例、旋转角度等。

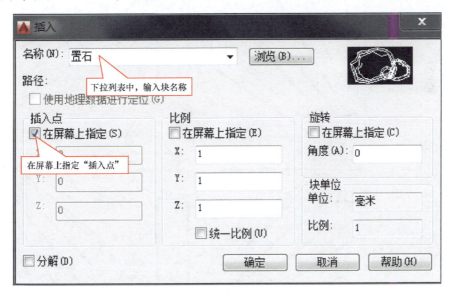

图 3-47 插入"置石"图块

七、各种标注

1. 尺寸标注

在总平面图上标注广场的总长度、总宽度及其与周围建筑物、构筑物、道路、红线之间的距离。下面以绿地广场平面图尺寸标注为例，介绍尺寸标注的方法。

（1）设置尺寸样式　选择"格式"菜单→"标注样式"命令，设置尺寸样式。

尺寸标注

新建标注样式，在"线"选项卡中，设定"尺寸界线"选项组中的"超出尺寸线"为 150，起点偏移量为 300；在"符号和箭头"选项卡中，设定"建筑标记"，"箭头大小"为 150；在"文字"选项卡中，设定"文字高度"为 250，"文字位置"从尺寸线偏移 50，"文字对齐"与尺寸线对齐；其他选项可以根据需要，适当进行设置。

（2）建立"尺寸标注"图层　颜色选取 7 号白色，线型为 Continuous，线宽选择默认，并将其设置为当前图层。

（3）标注尺寸　调用"线性标注"命令，在总平面图中，标注道路、场地、绿地、路牙石等的尺寸；调用"半径标注"命令，在总平面图中标注圆的半径，效果如图 3-48 所示。

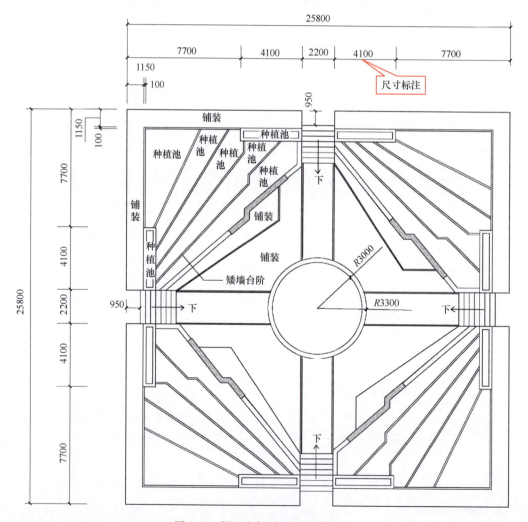

图 3-48　绿地广场平面图尺寸标注

（4）修改尺寸及尺寸样式　选择一个尺寸标注，单击鼠标右键，选择"特性"，弹出"对象特性"面板，可以修改尺寸样式；选择一个尺寸标注，在数字上双击，可以修改尺寸数值。

2. 标高标注

标高标注应标注室内地坪标高和室外地坪标高，二者均为绝对值。初步设计及施工设计图设计阶段的总平面图中还需要准确标注建筑物角点的测量坐标或建筑坐标，总平面图上测量坐标代号用 A、B。

标高标注

调用"插入块"命令，将"标高"图块插入到总平面图中，再调用"多行文字"命令，标注相应的标高，效果如图 3-49 所示。

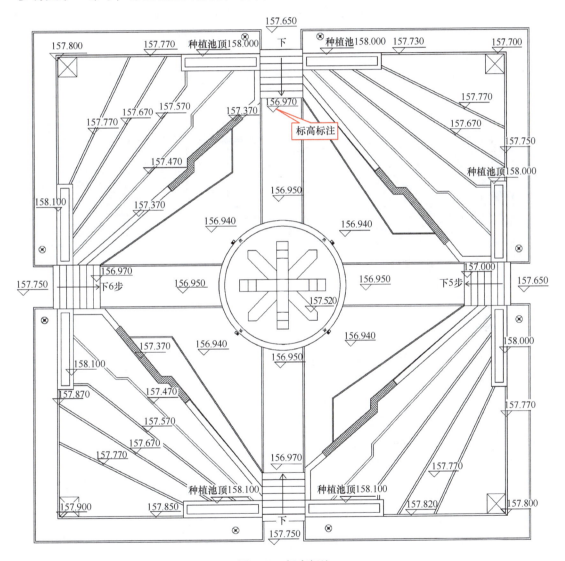

图 3-49　标高标注

3. 坐标标注

（1）绘制指引线　调用"直线"命令，由轴线或外墙角点引出指引线。

（2）定义属性　选择"绘图"菜单→"块"命令→"定义属性"，弹出"属性定义"对

话框。在该对话框中进行对应的属性设置，在"属性"选项组中的"标记"文本框中输入
"$x=$"，在"提示"文本框中输入"输入 x 坐标值"。在"文字设置"选项组中，设定文字
高度。单击"确定"按钮，在屏幕上指定标记位置。重复上述命令，在"属性"选项组中
的"标记"文本框中输入"$y=$"，在"提示"文本框中输入"输入 y 坐标值"，单击"确
定"按钮，完成属性定义。

（3）定义块　调用"创建块"命令，打开"块定义"对话框，定义"坐标"块。单击
"确定"按钮，打开"编辑属性"对话框。分别在"输入 x 坐标值"文本框和"输入 y 坐标
值"文本框中输入 x、y 坐标值。

（4）插入块　调用"插入块"命令，弹出"插入"对话框，对"插入点""比例"和
"旋转"进行设置。设置完之后单击"确定"按钮，然后在图形中指定插入点，在命令行中
输入 x 和 y 轴坐标值。

（5）完成坐标标注　重复上述步骤，完成坐标的标注，效果如图 3-50 所示。

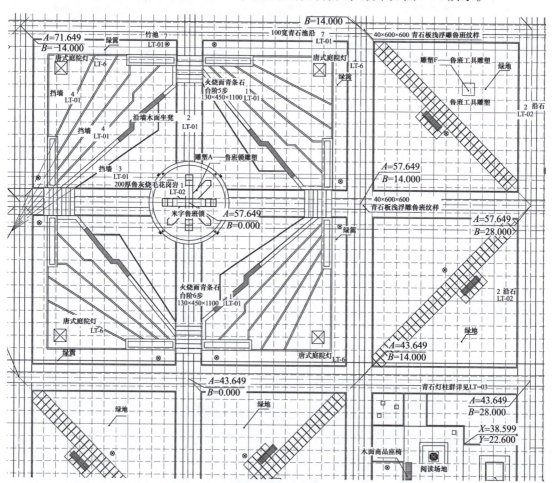

图 3-50　坐标标注

4. 文字标注

1）打开"图层"工具栏，将"标注"图层设置为当前图层。

2）调用"多行文字"命令，标注入口、道路等，效果如图3-51所示。

5. 图名标注

调用"多行文字"命令和"直线"命令，标注图名，效果如图3-51所示。

文字、图名、指北针、比例尺标注

6. 绘制指北针、比例尺

调用"圆"命令，绘制一个圆；调用"直线"命令，绘制箭头；调用"多行文字"命令，绘制文字"N"，完成指北针的绘制。调用"多段线""图案填充"等命令，绘制比例尺。最终效果如图3-51所示。

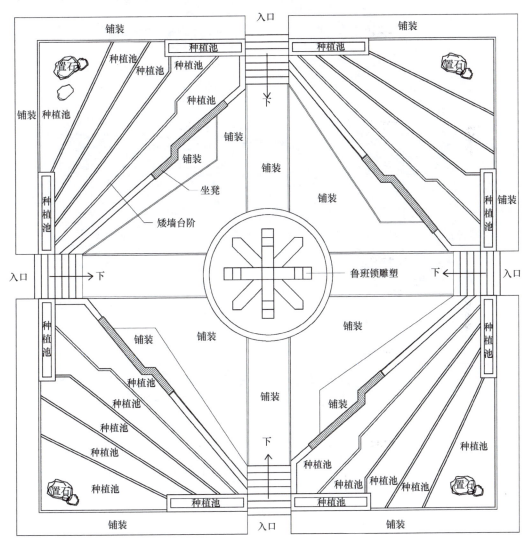

中心广场景观设计平面图

图3-51　绘制文字、图名、指北针、比例尺

任务二　植物配置与苗木统计

任务描述

以图 3-52 为例，绘制植物平面图，并完成苗木配置设计。

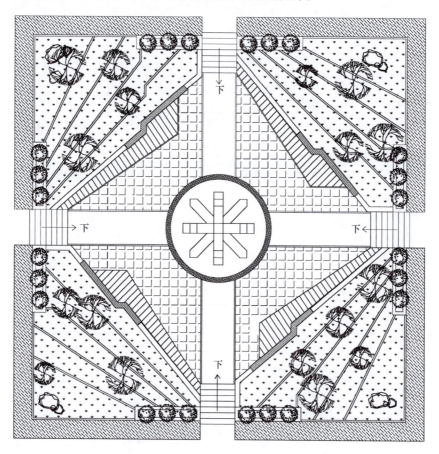

植物配置设计平面图

苗木表

序号	植物名称	图例	规格			数量	备注
			胸径/cm	冠径/cm	苗高/cm		
1	红叶石楠	●	/	120~150	120~150	24株	袋苗，枝叶多，冠幅饱满
2	大叶女贞	●	/	120~180	250~280	17株	袋苗，枝叶多，冠幅饱满
3	麦冬	⬚	/	/	10~15	264平方米	密植不漏土

图 3-52　中心广场植物配置设计平面图及苗木表

一、绘制植物平面图例

1. 绘制乔木

① 绘制辅助线：单击"默认"选项卡→"绘图"面板→"圆"按钮⊙，指定圆的半径为 1400，绘制一个半径为 1400 的圆，圆的直径代表乔木树冠冠幅，结果如图 3-53a 所示。

② 绘制树干：重复步骤①，绘制一个半径为 100 的小圆，代表乔木的树干，结果如图 3-53b 所示。命令行提示与操作如图 3-54 所示。

③ 绘制枝条：单击"默认"选项卡→"绘图"面板→"直线"按钮╱，在圆上绘制直线，直线代表枝条，如图 3-53c 所示。

绘制乔木

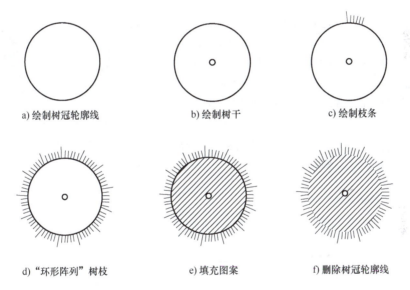

a) 绘制树冠轮廓线　　　b) 绘制树干　　　c) 绘制枝条

d) "环形阵列"树枝　　　e) 填充图案　　　f) 删除树冠轮廓线

图 3-53　绘制常绿针叶乔木图例的步骤

```
命令：_circle
指定圆的圆心或 [三点(3P)/两点(2P)/切点、切点、半径(T)]：
指定圆的半径或 [直径(D)] <100.0000>: 1400
```

图 3-54　绘制树干的命令行提示与操作

④ 环形阵列：单击"默认"选项卡→"修改"面板→"环形阵列"按钮，选择步骤③绘制的枝条为阵列对象，指定圆心为阵列的中心点；打开"阵列创建"选项卡，项目数为 13，填充（角度）为 360，按"Enter"键或空格键确定，结果如图 3-53d 所示。

⑤ 填充图案：单击"默认"选项卡→"绘图"面板→"图案填充"按钮，打开"图案填充创建"选项卡（图 3-55）。在"边界"面板单击"拾取点"按钮，选取图案内部；在"图案"面板选择 ANSI31 样例；在"特性"面板设置填充图案比例为 800，角度为 0，按"Enter"键确认。填充效果如图 3-53e 所示，在图例的绘制中，可用斜线来区别落叶植

物和常绿植物。

图 3-55　"图案填充创建"选项卡

⑥ 删除辅助线：使用"删除"命令，删除圆形，效果如图 3-53f 所示。

⑦ 创建图块：方法同上。

注意：灌木图例的画法和乔木的画法大体一致，区别只在于每种植物的平面形态的变化和尺寸的不同。

2. 绘制绿篱

① 新建"绿篱"图层，用于绘制绿篱。图层颜色选取 102 号绿色，线型为 Continuous，线宽为 0.30，并设置为当前图层。

② 使用"多段线"命令，绘制上部图形，如图 3-56a 所示。

③ 单击"默认"选项卡→"修改"面板→"镜像"按钮，将步骤②绘制的绿篱上部图形进行镜像操作，结果如图 3-56b 所示。

绘制绿篱

④ 将步骤③镜像的多段线向右移动一段距离，如图 3-56c 所示，将左边线段补齐，使图形两端对齐，如图 3-56d 所示。使用"多段线"命令，将上下两条线段连接起来，形成一个闭合的图形，如图 3-56e 所示。

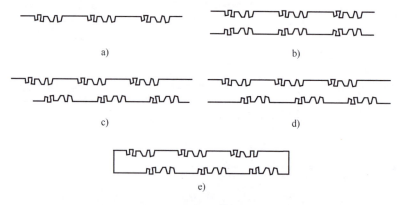

图 3-56　绿篱绘制的步骤

⑤ 为了方便管理与编辑图形，可以将绿篱图例定义为块。

3. 绘制树丛

树丛的图例有多种表示方法，图 3-57 和图 3-58，分别表示阔叶类树丛、针叶类树丛。

（1）阔叶类树丛、针叶类树丛　可采用"修订云线"命令绘制。绘制方法如下。

绘制树丛

图 3-57　阔叶类树丛

图 3-58　针叶类树丛

① 选择"乔木"图层。

② 绘制树丛外缘线：单击"默认"选项卡→"绘图"面板→"徒手画修订云线"按钮 ☁ ，在命令行中输入"A"或"a"，定义最小弧长为 1500、最大弧长为 4500；在屏幕上指定第一个点 M，沿云线路径引导十字光标，返回到点 M，并完成修订云线，作为树丛外缘线，如图 3-59a 所示。命令行提示与操作如图 3-60 所示。

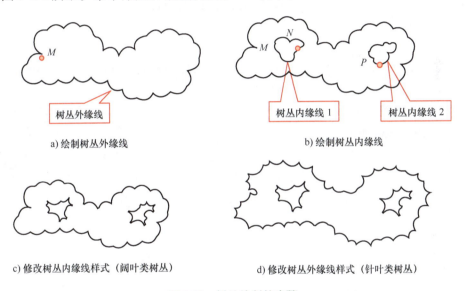

a) 绘制树丛外缘线　　　　　　　　　　　b) 绘制树丛内缘线

c) 修改树丛内缘线样式（阔叶类树丛）　　　　d) 修改树丛外缘线样式（针叶类树丛）

图 3-59　树丛绘制的步骤

图 3-60　绘制树丛外缘线的命令行提示与操作

③ 绘制树丛内缘线：分别使用"徒手画修订云线"命令，在屏幕上指定点 N、P，完成修订云线。如图 3-59b 所示分别为树丛内缘线 1、树丛内缘线 2。

④ 转换云线样式：使用"徒手画修订云线"命令，在命令行中输入"S"，修改圆弧样式，选择"普通（N）"。在命令行中输入"O"，提示"选择对象"，单击树丛内缘线，提示"反转方向"，选择"是（Y）"，云线由外凸转换为内凹，如图 3-59c 所示，多用来表示阔叶类树丛景观。重复以上步骤，将树丛外缘线由外凸转换为内凹，如图 3-59d 所示，多用

来表示针叶类树丛景观。命令行提示与操作如图 3-61 所示。

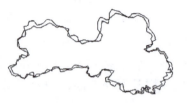

图 3-61　转换云线样式的命令行提示与操作

　　注意：阔叶类、针叶类树丛，也可以采用"多段线"命令绘制弧线，勾画出树丛的外缘线、内缘线。还可以通过"圆弧"命令绘制树丛的外缘线、内缘线。

　　（2）小型灌木丛　可采用"多段线"或"样条曲线"命令绘制，画出不规则的两圈。如图 3-62 所示为采用"多段线"命令绘制而成。

图 3-62　小型灌木丛

4. 绘制图案式植物

　　图案式植物主要靠填充图形来表示植物种类，主要表现的是整个图案的样式，如模纹花坛、草地等。

　　① 使用"多段线"命令，画出设计图案的轮廓，要注意所画轮廓线一定要闭合，如图 3-63a 所示。

　　② 单击"默认"选项卡→"绘图"面板→"图案填充"按钮，打开"图案填充创建"选项卡，如图 3-64 所示。单击"拾取点"按钮，选取图案内部，在样例中选择 CROSS 样例，比例为 3000（可调整），其他参数为默认值，按"Enter"键确认。填充效果如图 3-63b 所示。

绘制图案式植物

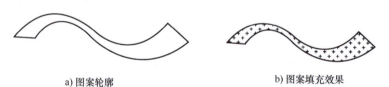

a) 图案轮廓　　　　　　　　　　　　b) 图案填充效果

图 3-63　绘制图案式植物的步骤

单击"拾取点"，选取图案内部　　　选择图案样例　　　　　　设置填充图案比例

图 3-64　"图案填充创建"选项卡

二、植物配置

1. 建立图层

如果规划设计图面积较大，配置的植物种类和数量都比较多，为

中心广场植物配置

方便编辑与管理，应建立多个图层，可以将不同的植物放在不同的图层上，并以植物种类命名。如果规划设计图面积不大，配置的植物种类和数量都比较少，可以建立"乔木"图层、"灌木"图层、"地被"图层等，或者将所有植物放在一个植物图层上。

2. 调用植物图例

（1）使用已有的植物图例　可以将已有的植物图例打开，选中合适的图例，在窗口中右击，在弹出的快捷菜单中选择"复制"命令，然后将窗口切换至绘图的窗口，选择对应的图层，在窗口中右击，在弹出的快捷菜单中选择"粘贴"命令，这样选中的图例就复制到了图中。

（2）插入在当前图形中定义的块　如果找不到所需的植物图例，可以自行绘制植物平面图例。绘制的图例可以直接复制，也可使用"插入块"命令插入图中。

单击"默认"选项卡→"块"面板→"插入块"按钮，单击"更多选项"，系统弹出"插入"对话框，如图 3-65 所示。利用该对话框输入插入图块的名称，设置插入点位置、插入比例、旋转角度等。

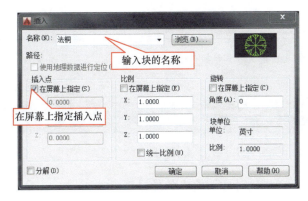

图 3-65　"插入"对话框

3. 调整植物图例

按图 3-52 调整植物图例。单击"修改"工具栏中的"缩放"按钮，将图例缩放至合适的大小，一般大乔木的冠幅为 5000~6000mm，小规格苗木相应缩小。

单击"修改"工具栏中的"旋转"按钮，将图例旋转合适的角度。

单击"修改"工具栏中的"移动"按钮，将图例移动至合适的位置。

三、苗木统计

1. 数量统计

一般情况下，对于一些工程数量比较少的乔木或者灌木栽植等工程项目，以整数计数的，可以采用人工计数法。工程数量较多的情况下，人工计数用时比较长，也容易出错，一般采用 CAD 辅助计数。如图 3-52 所示，统计一下"大叶女贞"图块的数量。基本步骤如下。

苗木统计

1）查看图块的名称。方法是：选择其中的一个树木图块并双击，弹出"编辑块定义"对话框（图 3-66），可以看到图块的名称为"大叶女贞"，关闭对话框。

2）取消选择，在空白处单击鼠标右键，弹出快捷菜单，选择"快速选择命令"，弹出"快速选择"对话框（图 3-67）。对象类型选择"块参照"，特性为"名称"，运算符为"＝等于"，值为"大叶女贞"，选择"包括在新选择集中"。命令行中就出现了对应"大叶女贞"图块的数量"17"，如图 3-68 所示。

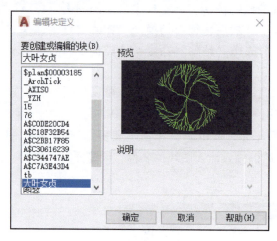

图 3-66　"编辑块定义"对话框

图 3-67　"快速选择"对话框

图 3-68　"大叶女贞"图块数量的命令行提示

注意：使用 CAD 软件辅助计数的前提条件是图纸比较规范，乔木或者灌木的图例使用"图块"绘制，否则统计出来的数量就不一定准确。同时，CAD 辅助计数结果，最后也要进行复审，防止图纸不规范，导致数量重复或者出错。

2. 长度计算

长度计算的基本方法是先绘制所统计对象（如路牙石、绿篱）长度的中心线，然后测量其中心线的长度。操作步骤如下。

1）使用"多段线"命令，绘制所统计对象的中心线（若中心线已绘制完成，此步骤可省略）。

注意：绘制中心线，也可以使用"直线"命令。但是，使用"直线"命令绘制的图形，不是一个整体，进行长度测算的时候，需要多次选择对象，因此容易出错；而使用"多段线"命令绘制而成的图形是一个整体，只需要选择一次就可以。

2）选择对象，单击鼠标右键，弹出快捷菜单，单击"特性"，在"对象特性"对话框中就出现了物体的长度（图 3-69）。

3）在命令行输入"量取"命令"DIST"或快捷命令"DI"，可以量取两点间距或提示命令输入"M"量取多点线段间距（此方法适用于直线段测量长度）。命令行提示与操作如图 3-70 所示。

3. 面积统计

面积统计的基本方法是先绘制所统计面积的外围轮廓线，然后测量外围轮廓图形的面

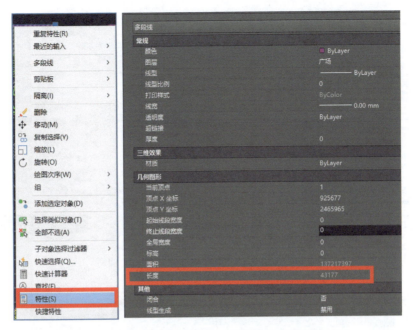

图 3-69　使用"对象特性"对话框查询物体的长度

图 3-70　量取间距

积。操作步骤如下。

1）使用"多段线"命令，绘制所统计面积的外围轮廓线（若图中外围轮廓线已绘制完成，此步骤可省略）。

2）单击"工具"菜单→"查询"→"面积"（图 3-71），选择对象，在命令行中就可出现该对象的面积。命令行提示和操作如图 3-72 所示。

3）在命令行输入"List"或快捷命令"LI"，可以同时选择多个图形，列出面积、长度等信息。命令行提示与操作如图 3-73 所示。

四、绘制苗木表

在园林设计中，植物配置完成之后，应进行苗木表（植物配置表）的制作。苗木表用来统计整个园林规划设计中植物的基本情况，主要包括编号、图例、植物名称、学名、胸径、冠幅、高度、数量和单位等项。

常绿植物一般用高度和冠幅来表示，如大叶女贞和红叶石楠等；落叶乔木一般用胸径和冠幅来表示，如垂柳和栾树等；落叶灌木一般用冠幅和高度来表示，如金银木和连翘等。某中心广场的植物配置如图 3-52 所示。

绘制苗木表

图 3-71　使用"查询"功能查询图形的面积

图 3-72　"面积"的命令行提示与操作

图 3-73　"LIST"的命令行提示与操作

1. 修改表格样式

单击"默认"选项卡→"注释"面板→"表格样式"按钮，弹出"表格样式"对话框（图 3-74）。单击"修改"按钮，弹出"修改表格样式"对话框，根据绘图区尺寸对相应参数进行修改，如图 3-75 所示。

2. 插入表格

单击"默认"选项卡→"注释"面板中的"表格"按钮，弹出"插入表格"对话框，如图 3-76 所示。如图 3-52 所示插入表格，在表格内填写相应的植物名称、规格、数量等参数。

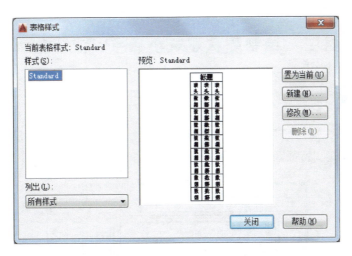

图 3-74 "表格样式"对话框

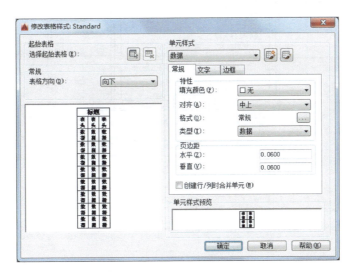

图 3-75 "修改表格样式"对话框

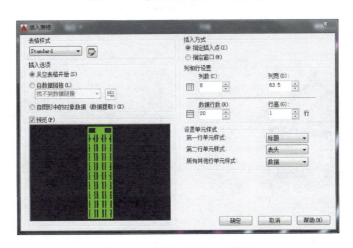

图 3-76 "插入表格"对话框

任务三　绘制园林建筑小品平、立、剖面图

任务描述

　　如图 3-77 所示，通过绘制园林建筑小品平、立、剖面图，学习图层使用、对象特性、文字样式、标注样式、特征匹配等命令。

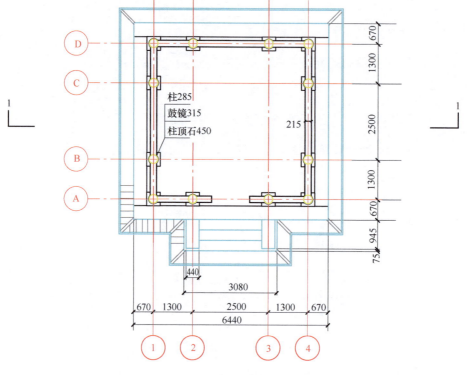

平面图1:100

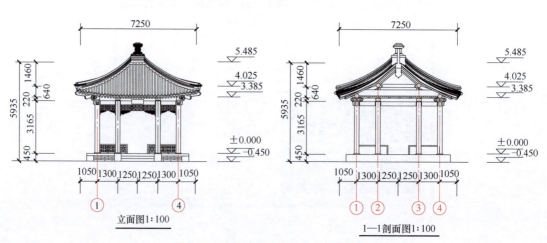

图 3-77　园林建筑小品平、立、剖面图

任务实施

一、建立图层

1. 新建图层

如图 3-78 所示，在绘图栏中单击图层特性命令或输入快捷键"Layer"（缩写"LA"）并按空格键确定，单击 ，新建图层，并进行如下设置。设置后如图 3-79 所示。

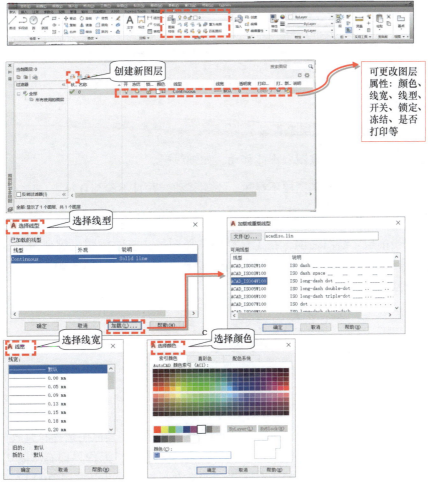

图 3-78　图层设置

（1）细线层　白色，连续线，线宽 0.2。

（2）粗线层　白色，连续线，线宽 0.3。

（3）台基层　青色，连续线，线宽 0.3。

（4）轴线层　红色，点画线，线宽 0.2，锁定该层。

（5）木线层　黄色，连续线，线宽 0.3。

绘制园林建筑小品平面图

（6）填充层　灰色，连续线，线宽 0.15。

图 3-79　新建图层

2. 基本设置

（1）开关　设置该图层是否显示。

（2）锁定　锁定后该图层不能移动，如轴线层。

（3）冻结　冻结后该图层不显示、不能移动，并且不参与计算。

（4）打印　设置该图层是否打印。

（5）设置当前层　绘图之前，在工具栏中选择图层，或使用图层管理器选择层，再按"置为当前"命令。设置好后，绘制的每一条线都放在了该图层（图 3-80）。

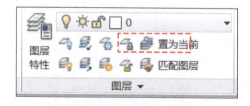

图 3-80　置为当前层

（6）将已经画好的图形放入一个层　选定图形对象，在工具栏中选择将其放入的图层。

（7）修改个别图像的对象特征　在 CAD 中，选中对象后，操作界面右侧的"特性"面板（属性框）就会列出选中对象的所有属性（如果没有打开，可以按"Ctrl+1"打开）。选中立面图，可以查看并修改对象特征（图 3-81）。

二、绘制园林建筑小品平面图

1. 绘制轴线

将当前图层设置为"轴线"层，开始绘制。

（1）绘制纵轴　根据平面图尺寸，使用"直线"工具绘制纵轴。

（2）偏移纵轴　使用"偏移"命令，偏移尺寸就是轴线（柱）间尺寸。

图 3-81　修改个别图像的对象特征

（3）绘制横轴　横轴尺寸超过纵轴总和即可，左右出头。

（4）偏移横轴　方法同纵轴，偏移尺寸就是轴线（柱）间尺寸。

（5）绘制轴线符号　画圆直径 400，移动到轴线旁边，移动前需打开象限点捕捉，如图 3-82 所示。

2. 绘制台基、台阶、散水（图 3-83）

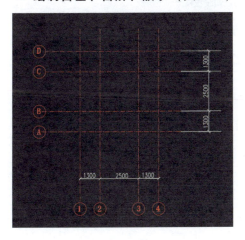

图 3-82　轴线绘制

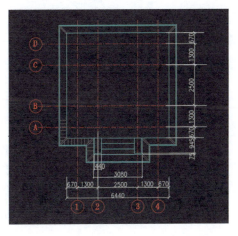

图 3-83　台基、台阶、散水绘制

（1）绘制台基　使用"矩形"命令绘制台基。

（2）绘制燕窝石、垂带、踏跺　使用"矩形"命令绘制燕窝石、垂带、踏跺，并拼合成台阶。

燕窝石尺寸：3080×1020。

垂带尺寸：440×945，垂带绘制左右共两个。

踏跺尺寸：2060×340，踏跺共有三级台阶，所以绘制三个。

（3）绘制散水　画台基顶角斜线，散水总宽 430，使用相对坐标"@430，430"；使用"多段线"命令绘制散水；使用"偏移"命令绘制外散水，两条线的距离是 80；排砖，砖尺寸：184×430。

3. 绘制柱顶石

（1）绘制柱顶石　利用"矩形"工具绘制柱顶石。

（2）绘制鼓镜　利用"圆"工具绘制鼓镜，重点在于指定圆心，利用"对象捕捉"找到矩形的中心。

（3）绘制柱　将当前图层换到"木线"层，绘制柱。绘制鼓镜的同心圆，如图 3-84 所示。

4. 绘制墙体

1）金边尺寸 70，小台阶尺寸 140，画辅助斜线，起点台基顶角，相对坐标"@70，140"。

2）画外侧墙体线，起点辅助线端点，向上画到图形中间轴线。

3）画柱前墙厚，从辅助线端点向右尺寸 400，并向上画到柱。

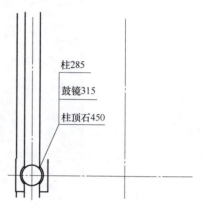

图 3-84　柱顶石尺寸

4）使用"偏移"命令画出内侧墙体线，偏移尺寸为柱后墙厚 500，如图 3-85 和图 3-86 所示。

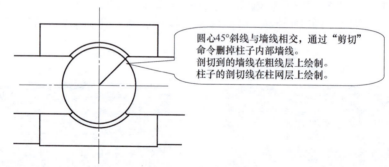

图 3-85　墙体绘制步骤

5. 更改图层

若在错误的图层中绘制了线段，可不作删除，用"特性匹配"命令更改图层。

1）在命令行输入"MA"，按空格键确定。

2）选择想要匹配的正确图层特性的线段（即源对象），按空格键确定。

3）选择想要更改的错误线段（即目标对象），按空格键确定（图 3-87）。

三、文字、尺寸标注

1. 设置字体样式

（1）新建字体样式　在命令面板或工具栏选择"默认"→"注释"→"文字样式"，或者在命令行输入"Style"（缩写"ST"）后按"Enter"键，调用"文字样式"命令，打开"文字样式"对话框，如图 3-88 所示。默认样式为 Standard，单击"新建"建立新的文字样式"FS10"和"FS7"。建立多个文字样式后，选择样式名称，再单击"置为当前"，可以设置当前文字样式。

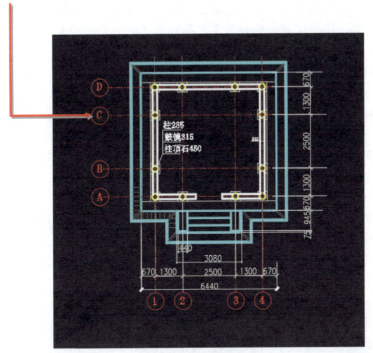

图 3-86 墙体绘制

图 3-87 特性匹配

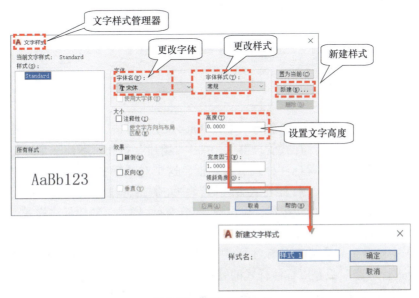

图 3-88 新建文字样式

在"字体名"下拉框下面有一个复选框"使用大字体",要使用好 CAD 字体,必须对大字体有一定了解。小字体就是包含英文、符号等字母的字体,大字体就是包含中文、日文、韩文的亚洲字符的字体。

想使用 CAD 的字体显示汉字,就必须设置一个大字体。有些 CAD 版本在用默认文字样式时,单行文字中输入中文时会显示成问号,就是因为默认的文字样式没有设置大字体。勾选"使用大字体"选项,在"大字体"一栏的下拉菜单中选择"bigfont. shx",如图 3-89 所示。

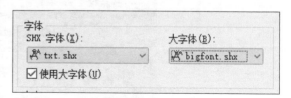

图 3-89　设置大字体

(2)计算文字高度　实际输出字高大于 10mm 的文字宜采用"TRUETYPE"字体。同一张图纸内,不宜使用过多大小不等的字体。根据比例确定文字高度:文字的书写高度=字体高度×比例。例如,要书写高度为 10 的字,按 1∶50 出图,书写高度应为 10×50=500。

如希望在图中书写高度为 10 和 7 的两种文字,仿宋字体,比例为 1∶50。那么就设置以下两种文字样式:

① 文字样式名称"F10",文字高度 10,设置高度 500(图 3-90)。
② 文字样式名称"F7",文字高度 7,设置高度 350。

设置好两种文字样式后,在书写文字时,书写高度为 10 的字就选择"F10"样式,书写高度为 7 的字就选择"F7"样式。

图 3-90　计算文字高度

2. 设置标注样式

(1)新建标注样式　在命令行输入"D(Dimstyle)"并按"Enter"键,或选择图 3-91所示的功能图标来启动"标注样式管理器"。单击"新建"按钮,新建一个标注样式。输入新样式的名称后,弹出"设置标注样式"对话框,这个对话框中有"线""符号""箭头""调整""单位"等选项卡。"标注样式管理器"中左侧是标注样式列表,中间有个标注样式的预览图,右侧是一系列功能按钮,可以设置当前标注样式、新建标注样式、修改标注样式、设置替代样式和比较两个标注的参数。

左侧列表中被蓝色高亮显示的标注样式就是当前标注样式,新画的标注将使用这种样式。"标注样式管理器"只是对标注样式的管理,并没有显示标注的参数。

在创建标注样式时,软件允许我们在现有标注中选择一个相近的标注作为基础样式,并直接采用基础样式的参数。CAD 新建图纸中通常会提供两种标注样式："Standard" 和 "ISO-25"，"Standard" 是按英制定义的标注样式，"ISO-25" 是按公制定义的标注样式，如用公制，需将基础样式设置为 "ISO-25"。

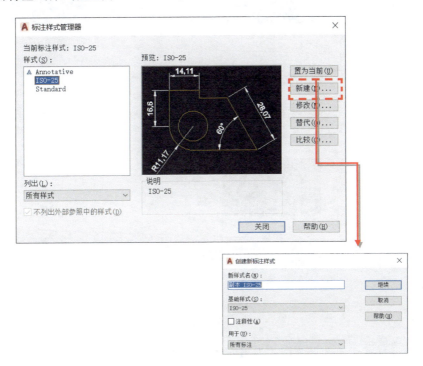

图 3-91　新建标注样式

（2）尺寸线

① 颜色、线型、线宽：选择 "ByLayer（随层）"，即跟随标注图层的设置。

② 超出标记：尺寸线超出尺寸界线的长度，超出标记设置为 0，即不超出。

（3）尺寸界线

① 起点偏移量：尺寸界线离开图形的距离，《房屋建筑制图统一标准》规定不少于 2mm。

② 超出尺寸线：尺寸界线的另一端超出尺寸线的距离，《房屋建筑制图统一标准》规定为 2~3mm。

③ 固定长度的尺寸界线：若勾选并指定长度，尺寸界线即为固定长度；若不勾选，则在标注尺寸时，再使用鼠标拖动或键盘输入的方法指定尺寸界线的长度。

（4）箭头（起止符号）　也称尺寸起止符号，在 CAD 中称为箭头。箭头选择 "建筑标记"，选择第一个箭头之后，第二个箭头会自动选择好。《房屋建筑制图统一标准》规定尺寸起止符号的大小是 2mm（图 3-92）。

（5）文字　选择已经设置好的文字样式，被选择的文字样式的文字高度应为活动高度，设置为 0.000。文字颜色随层、填充颜色无。"文字高度" 即为用于标注的文字高度，指标注产生后数字的高度。这个高度设置参考图中其他数字符号，一般不小于 3.5。

（6）全局比例　在 "调整" 选项卡中有 "使用全局比例" 选项，这个比例输入确定的是出图比例。如按 1∶50 出图，则在这里填写 "50"。

园林工程 CAD　第2版

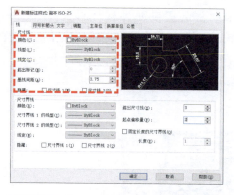 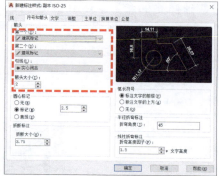

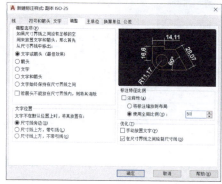

图 3-92　修改标注样式

设置好标注样式后，选择该样式为当前样式，就可以进行尺寸标注了。

四、绘制立面图、剖面图并标注

如图 3-93 所示，绘制立面图、剖面图，并进行标注。

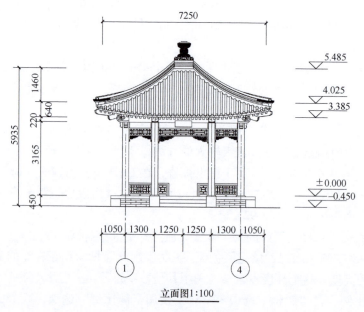

立面图1:100

图 3-93　绘制立面图、剖面图并标注

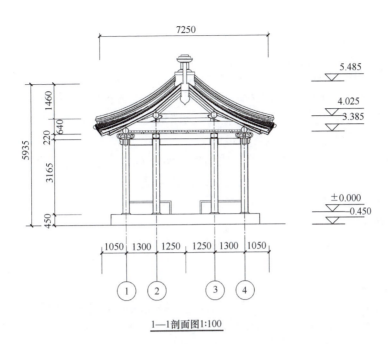

1—1剖面图1:100

图 3-93　绘制立面图、剖面图并标注（续）

工 作 手 册

【操作图块】

【使用内部图块】

【使用外部图块】

【图形选择的几种方法】

【块的编辑】

【园林工程图块统计方法】

【对齐】

【对插入的具有尺寸的底图进行缩放】

【了解边界】

【设置文字样式】

【插入及修改文字】

【图纸乱码解决方法】

【设置标注样式】

【尺寸标注】

【创建引线样式】

【修改对象特性】

【认识和使用图层】

【操作图块】

1. 图块的作用

在实际园林工程制图过程中，经常会反复地用到一些图件，例如树木符号、标高符号等。因此，为了提高设计和制图的效率，避免重复工作，AutoCAD 提供了"图块"的功能，使得用户可以将一些经常使用的图形对象定义为图块。需要使用这些图形时，只需要将相应的图块插入到图形文件中指定的位置即可。

图块（block）是由多个图形对象组成的单一实体对象。组成图块的图形对象都有各自的图层、线型、颜色等属性。图块一旦定义好，就会成为一个独立、完整的图形对象集合。可以像对待其他普通的图形对象一样，将图块插入到指定的位置，也可以对图块进行复制、移动、缩放、删除等修改操作。

工程设计是一个不断升级和不断完善的过程，图纸需要经常修改。如果对某个块定义进行修改，AutoCAD 就可以自动更新根据这个块定义创建的所有实例，而不需逐一修改。

2. 图块的分类

图块分为内部块和外部块。内部块只能在定义该图块的文档内部使用，而其他文档不能使用该图块。外部块允许所有的 AutoCAD 文档共用，有利于多人协同工作。在进行块定义时，内部块和外部块的操作命令是不一样的。

3. 图块操作主要步骤

1）定义块。这是进行所有块操作所必需的步骤，主要包括为新图块命名、选择组成图块的图形对象、确定插入基点等。

2）插入块。当 AutoCAD 文档中已经存在了某个图块的块定义后，就可以依据块定义的内容，将块实例插入到指定的位置。

【使用内部图块】

一、定义内部块

1. 命令执行方法

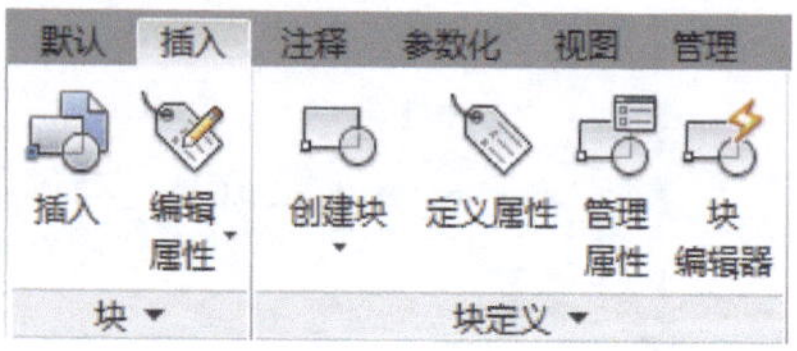

图 3-94 "块"工具选项面板

命令行："Block（B）"

菜单栏："绘图"→"创建"

工具面板："块"→"创建"（图 3-94）

2. 选项命令或菜单命令说明

启动"块（Block）"命令后，弹出如图 3-95 所示的"块定义"对话框。在该对话框中，必须完成以下设置：给新块命名，选择组成图块的图形对象，选择插入基点。

（1）命名　在"名称（N）"文本框中输入要定义的图块名称。单击右边的下三角按钮，可以显示当前图形中已经存在的块名。

（2）选择图形对象　"对象"选项组用于选择组成图块的图形对象。单击"选择对象"按钮，"块定义"对话框暂时消失。此时，在工作区中连续选择需要组成该图块的图形对象，选择结束后按"Enter"键，"块定义"对话框重新出现。此时，在"对象"选项组下部出现提示信息，包括被选中的图形对象的数目。至此，选择图形对象操作结束。

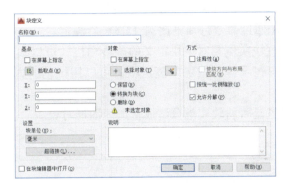

图 3-95　"块定义"对话框

此外，为了确定被选中成块的图形对象在块定义后如何保留，有一组单选按钮可供选择："保留""转换为块""删除"。

（3）选择插入基点　插入基点（base point）是进行块插入操作时的参照点。进行块插入时，可通过确定插入基点的位置来将整个块实例放置到指定的位置上。理论上，插入基点可以是图块的任意点，但为了方便定位，经常选取一些对象特征点，如图形的端点、中点、圆心等。

插入基点的坐标直接在"基点"选项组的"X:""Y:""Z:"三个文本框中输入。但通常情况下，在屏幕上直接用"对象捕捉"方法确定比较简便。单击"拾取点"按钮，"块定义"对话框暂时消失。此时，在屏幕上使用"对象捕捉"方法捕捉指定的点作为插入基点。单击鼠标后，"块定义"对话框重新出现。此时，在"X:""Y:""Z:"三个文本框中出现该点的绝对坐标值。至此，选择插入基点的操作结束。

二、插入内部块

块定义完成后，就可以依据块定义插入块实例了。

1. 命令执行方法

命令行："Insert（I）"

菜单栏："插入"→"块"

工具栏："绘图"工具栏中选择"块"

2. 选项命令或菜单命令说明

启动"Insert"命令后，弹出如图 3-96 所示的"插入"对话框。命令行提示如下。

命令：Insert

指定插入点或［基点（B）/比例（S）/旋转（R）/预览比例（PS）/预览旋转（PR）］:

（1）名称　在下拉列表框中选择需要插入的内部块名称。

（2）插入点　用于指定插入点。选中"在屏幕上指定"复选框，可以在屏幕上拉动图块，动态确定插入位置。取消此复选框，可以在"X:""Y:""Z:"三个文本框中直接输入基点的坐标。

（3）比例　用于设置块实例相对于块定义的缩放比例。可以直接在"X:""Y:""Z:"三个文本框中输入三个方向上的缩放比例值。选中"统一比例"复选框，则在 X、Y、Z 三个方向上的比例相同。选中"在屏幕上指定"复选框，可以用拉动的方法，在屏幕上动态确定缩放比例。也可事先通过命令行预览比例（PS）后确定。

（4）旋转　用于设置块实例相对于块定义的旋转角度。可以直接在"角度"文本框中输入旋转角度值。选中"在屏幕上指定"复选框，可以用拉动的方法，在屏幕上动态确定旋转角度。

（5）分解　用于设置是否将块实例分解成普通的图形对象。

图 3-96　"插入"对话框

【使用外部图块】

一、定义外部块

使用"Block"命令定义的图块只能在定义该图块的文件内部使用。如果要让所有的 AutoCAD 文档共用图块，就需要用"Wblock"命令定义外部块。定义外部块的过程，实质上就是将图块保存为 DWG 图形文件，因为 DWG 文件可以被其他 AutoCAD 文件调用。

1. 命令执行方法

命令行："Wblock（简写 W）"

2. 选项命令或菜单命令说明（图 3-97）

（1）"源"选项组　用于选择组成外部块的图形对象类型。可供选择的单选按钮如下。

① 块：将已经定义好的内部块保存为外部块。可以在下拉列表中选择已经定义好的内部块。如果当前文件中没有定义内部块，则该单选按钮不可用。

② 整个图形：将当前的全部图形保存为外部块。

③ 对象：由用户选择的图形对象组成外部块。该项是默认选项，一般情况下选择此项即可。

（2）"基点"选项组　确定插入基点。方法同内部块。

（3）"对象"选项组　选择组成外部块的图形对象。方法同内部块。

（4）"文件名和路径"文本框　输入保存的文件名和保存路径。文件名后缀是".dwg"。单击右边的方形按钮，将弹出"浏览文件夹"对话框，可以在对话框中指定文件保存路径。

图 3-97 "写块"对话框

二、插入外部块

插入外部块的操作和插入内部块的操作基本相同，也是在"插入"对话框中完成。不同的是，由于外部块实际上是 DWG 文件，因此在插入第一个外部块实例时，需要定位并选择外部块文件。单击"Browse（浏览）"按钮，弹出"打开文件"对话框。在该对话框中指定需要插入的外部块文件的路径和名称。其余的步骤与插入内部块相同。

图块操作的一个特点就是便于修改。因为文档中插入的所有块实例都是根据块定义建立起来的，所以如果某图块经过修改进行了重新定义，AutoCAD 就将自动更新所有根据该定义建立起来的块实例，实现自动修改的功能。对于外部块文件，重定义不起作用。也就是说，修改外部块文件后，不能自动更新其他文件中对该外部块的引用。为了弥补这一不足，需要用到外部参照。

【块的编辑】

一、块编辑器

使用块编辑器（图 3-98）可以向当前图形中存在的块定义中添加动态行为或编辑其中的动态行为。也可以使用块编辑器创建新的块定义。

在块编辑器中，绘图区域上方会显示一个专门的工具栏。该工具栏将显示当前正在编辑的块定义的名称，并提供执行下列操作所需的工具，包括保存块定义、添加参数、添加动作、定义属性、关闭块编辑器、管理可见性状态，如图 3-99 所示。

命令执行方法

菜单栏："工具"→"块编辑器"

菜单栏："工具"→"外部参照和块在位编辑器"（图 3-99）

单击图块调出"编辑块定义 "（图 3-100）

命令行：bedit（be）（图 3-101）

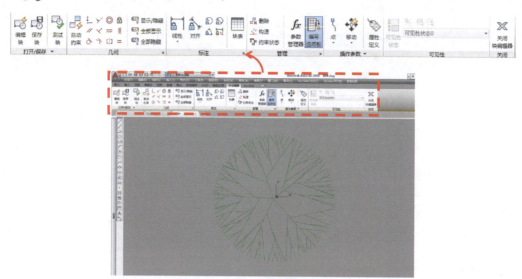

图 3-98 块编辑器

图 3-99 选择块编辑方式

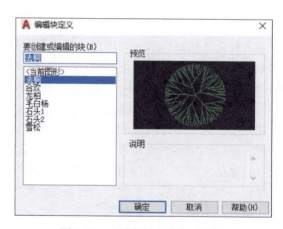

图 3-100 "编辑块定义"对话框

图 3-101 通过命令行创建块定义

二、图块分解

块实例是一个整体，AutoCAD 不允许对块实例的局部进行修改。如果需要修改某块实例的局部，又不想影响其他块实例，则必须先用"Explode"命令将块实例分解。块实例被分解后，不再是一个整体，而被转化为多个彼此独立的普通图形对象。遇到嵌套图块时，即块中存在其他图块实例，执行"分解"命令时需要执行几次才能完全分解。在"插入"对话框中选中左下角的"分解"复选框，可以在插入块实例的同时，将该块实例分解。

1. 启动"Explode"命令的方法

命令行："Explode（X）"

2. 分解块实例

启动"Explode"命令后，连续选择需要分解的块实例，然后按"Enter"键，选中的块实例将会被分解。命令行输入如下。

命令：Explode

选择对象：指定对角点：　　　　　　　　//选择需要分解的图块。

选择对象：　　　　　　　　　　　　　　//选择需要分解的图块。

选择对象：

分解此多段线时丢失宽度信息。

可用 Undo 命令恢复。

三、块属性

图块包含的信息可以分为两类：图形信息和非图形信息。图形信息是和图形对象的几何特征直接相关的属性，如坐标、线宽、线型、颜色等。这些信息可以通过图形本身直接体现。非图形信息是不能通过图形，而必须通过文本标注表现的信息。

在 AutoCAD 中，在图块中添加的这些非图形信息，称为属性（attribute）。属性必须和图块结合在一起使用，单独的块属性是没有意义的。

在 AutoCAD 中进行属性操作主要分为三步。

1）定义属性。定义属性必须在定义块之前进行。

2）在定义图块时附加属性。

3）在插入图块时确定属性值。

四、定义属性

1. 启动"定义属性"命令的方式如下。

命令行："Attdef（ATT）"

菜单栏："绘图"→"块"→"定义属性"（图 3-102）

图 3-102 块工具栏

2. 选项命令或菜单命令说明

启动"Attdef"命令后，弹出如图 3-103 所示的"属性定义"对话框。在该对话框中，需要设置属性项的名称、属性提示和默认值以及属性的插入位置等内容。

五、块属性的继承

插入块时，对于对象的颜色、线型和线宽特性的处理，有三种选择。

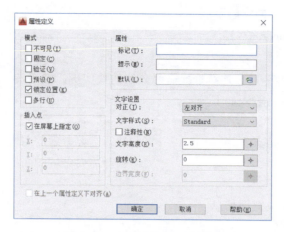

图 3-103　"属性定义"对话框

1) 块中的对象不从当前设置中继承颜色、线型和线宽特性。不管当前设置如何,块中对象的特性都不会改变。若要达到这种效果,建议为块定义中的每个对象分别设置颜色、线型和线宽特性。创建这些对象时不要使用"随块"或"随层"作为颜色、线型和线宽的设置。

2) 块中的对象仅继承指定给当前图层的颜色、线型和线宽特性。若要达到这种效果,应在创建要包括在块定义中的对象之前,将当前图层设置为 0,并将当前颜色、线型和线宽设置为"随层"。

3) 块对象继承已明确设置的当前颜色、线型和线宽特性,即这些特性已设置成取代指定给当前图层的颜色、线型和线宽。如果未进行明确设置,则块对象继承指定给当前图层的颜色、线型和线宽特性。在创建要包括在块定义中的图形对象之前,将当前颜色或线型设置为"随块"。

【园林工程图块统计方法】

1. 快速选择

在命令行输入命令"Qselect"或者用鼠标右键单击绘图区空白区域,单击"快速选择(Q)",在弹出的"快速选择"对话框(图 3-104)中,"对象类型"选择"块参照","特性"选择"名称","运算符"选择"=等于","值"选择所要统计的块,在命令行上方就会出现该块的数量。

2. 筛选功能

在命令行输入"FI",弹出"对象选择过滤器"对话框,如图 3-105 所示。

单击"添加选定对象",选中需要统计的图块后,删除"块位置",单击"应用",在图纸中框选统计区域,所需要统计的图块的数量就会出现在命令行上方。

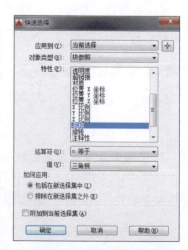

图 3-104　"快速选择"对话框

图 3-105　"对象选择过滤器"对话框

注意：如果按住鼠标左键框选，选择框会变成套索，选择区域很不方便。单击鼠标左键后松开即为矩形选择框（图 3-106）。

图 3-106　套索选择框和矩形选择框

3. 数据提取

如图 3-107 所示，单击"插入"，单击"链接和提取"选项卡中的"提取数据"，在弹出的"数据提取"对话框（图 3-108）中，点选"创建新数据提取"，单击"下一步"。

图 3-107　数据提取工具栏

点选"在当前图形中选择对象"，在工作窗口中框选。在"输出选项"中勾选"将数据输出到外部文件"，在输出的文件夹中可以看到输出的 EXCEL 文件，所选择的图块的统计数量信息就在文件里。

【对齐】

在二维和三维空间中，可以指定一对、两对或三对源点和定义点以移动、旋转或倾斜选定的对象，从而将它们与其他对象上的点对齐。

"对齐"工具的快捷键是"AL"，要想使用"对齐"命令，在绘图窗口中必须有源文

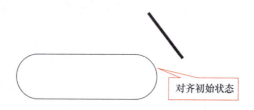

图 3-108 "数据提取"对话框

件。在绘图窗口绘制图形，如图 3-109 所示。

对齐初始状态

图 3-109 绘出对齐对象

单击"对齐"命令，在命令行提示"选择对象"，这里选择的对象是要移动的对象。选择左侧的图形，按"Enter"键；命令行提示"指定第一个源点"，选择左侧图形的圆心作为第一个源点，按"Enter"键；命令行提示"指定第一个目标点"，选择直线的一端为目标点，按"Enter"键；命令行提示"指定第二个源点"，选择另一侧的圆心作为第二个源点，按"Enter"键；命令行提示"指定第二个目标点"，选择直线的另一端作为第二个目标点，如图 3-110 所示。

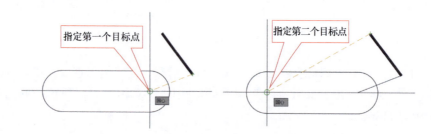

指定第一个目标点   指定第二个目标点

图 3-110 指定目标点

这样对齐好了之后按下空格键，命令行提示"是否基于对齐点缩放对象"，选择"否"，这样图形就移动好了，效果如图 3-111 所示。

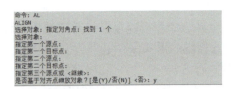

图 3-111　对齐效果

【对插入的具有尺寸的底图进行缩放】

"缩放"命令可以改变用户所选择的一个或多个对象的大小，即在 X、Y 和 Z 方向等比例放大或缩小对象。大于 1 的比例因子使对象放大，而介于 0 和 1 之间的比例因子将使对象缩小；指定比例因子时可以输入用户需要的任意整数、小数和分数，但不能输入百分比。

如果以参照模式缩放，系统将以新的长度与参照长度之比作为比例因子缩放图形对象（图 3-112）。

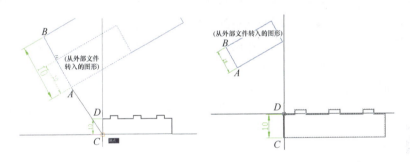

图 3-112　缩放底图

1. 命令执行方法

🖱工具栏："修改（Modify）"→

🖱菜单："修改"→"缩放"

🖱快捷菜单：选定对象后单击鼠标右键，弹出快捷菜单，选择"缩放（S）"项

🖱命令行："Scale"（或快捷方式"SC"）

2. 命令行操作方法

命令：Scale

选择对象：找到 1 个　　　　　//用户可在此提示下选定要按比例缩放的对象的选择集。

选择对象：　　　　　　　　　//按"Enter"键，选择完毕。

指定基点：　　　　　　　　　//首先需要指定一个基点，即进行缩放时的中心点。

指定比例因子或［复制（C）/参照（R）］：　　　　　　　　//直接指定比例因子。

【了解边界】

使用"边界"命令可以根据封闭区域内的任一指定点来自动分析该区域的轮廓，并可通过多段线或面域的形式保存下来。

1. 命令执行方法

命令行："Boundary"（缩写："BO"）

2. 对话框命令说明

调用该命令后，系统弹出"边界创建"对话框，如图3-113所示。

该对话框是"边界图案填充"的一部分。在"边界创建"对话框中可用的几个选项具体说明如下。

（1）对象类型（O）　该下拉列表框中包括"多段线"和"面域"两个选项，用于指定边界的保存形式。

（2）边界集　该选项用于指定进行边界分析的范围，其默认项为"当前视口"，即在定义边界时，AutoCAD分析所有在当前视口中可见的对象。用户也可以单击"新建"按钮回到绘图区，选择需要分析的对象来构造一个新的边界集。这时AutoCAD将放弃所有现有的边界集并用新的边界集替代它。

图3-113　"边界创建"对话框

（3）孤岛检测　孤岛是指封闭区域的内部对象。孤岛检测用于指定是否把内部对象包括为边界对象。AutoCAD提供两种方法进行检测。

① 填充：把孤岛包括为边界对象。

② 射线法：从指定点画线到最近的对象，然后按逆时针方向描绘边界，这样就把孤岛排除在边界对象之外。

使用不同的孤岛检测方法将产生不同的边界，如图3-114所示。

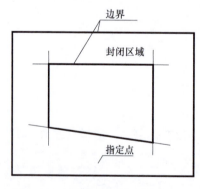

a) 填充孤岛检测方法产生的边界

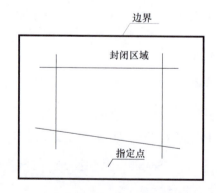

b) 射线式孤岛检测方法产生的边界

图3-114　不同孤岛检测方法产生边界的比较

当用户完成以上设置后，可单击"拾取点"按钮，在绘图区中某封闭区域内任选一点，系统将自动分析该区域的边界，并相应生成多段线或面域来保存边界。如果用户选择的区域没有封闭，则系统弹出如图3-115所示的"边界定义错误"对话框，用户可重新进行选择。

如图 3-116 所示为创建边界应用举例。

图 3-115 "边界定义错误"对话框

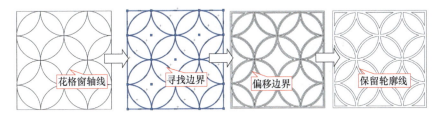

图 3-116 创建边界应用举例

【设置文字样式】

1. 字体和字样的概念

在工程图中，不同位置可能需要采用不同的字体，即使用同一种字体也可能需要采用不同的样式，如有的需要字大一些，有的需要字小一些，有的需要水平排列，有的需要垂直排列或倾斜一定角度排列等，这些效果可以通过定义不同的文字样式来实现。

AutoCAD 系统使用的字体定义文件是一种形（Shape）文件，它存放在文件夹"Fonts"中，字库的后缀名为".shx"，如"txt. shx""romans. shx""gbcbig. shx"等。由一种字体文件，采用不同的高宽比、字体倾斜角度等可定义多种字体样式。这一类字库最大的特点就在于占用系统资源少。系统默认使用的字体样式名为"Standard"。用户如果需定义其他字体样式，可以使用"Style（文字样式）"命令。

AutoCAD 还允许用户使用 Windows 提供的通用字库 TrueType 字体，包括宋体、仿宋体、隶书、楷体等汉字和特殊字符，它们具有实心填充功能。由同一种字体可以定义多种样式，可以取得美观的字样效果。

2. 文字样式的定义和修改

用户可以利用"Style"命令建立新的文字样式并定义写入的高度等参数，还可以定义和修改文字样式，设置当前样式，删除已有样式以及文字样式重命名。一旦一个文字样式的参数发生变化，则所有使用该样式的文字都将随之更新。"文字样式"对话框如图 3-117 所示。

（1）命令执行方法

工具栏："文字"

菜单栏："格式"→"文字样式"

命令行："Style"（或"'Style"，用于透明使用）

图 3-117　"文字样式"对话框

（2）选项命令或对话框说明

"样式"选项组显示文字样式名、添加新样式以及重命名和删除现有样式。列表中包括已定义的样式名并默认显示当前样式。要更改当前样式，应从列表中选择另一种样式，或选择"新建"以创建新样式。也可删除没有被应用的文字样式。样式名称可长达 255 个字符，包括字母、数字以及特殊字符，例如美元符号（$）、下划线（_）和连字符（-）。

"字体名"列出所有注册的 TrueType 字体和 Fonts 文件夹中编译的形（SHX）字体的字体族名。从列表中选择名称后，该程序将读取指定字体的文件。除非文件已经由另一个文字样式使用，否则将自动加载该文件的字符定义。可以定义使用同样字体的多个样式。

"字体样式"指定字体格式，例如斜体、粗体或者常规字体。选定"使用大字体"后，该选项变为"大字体"，用于选择大字体文件。

"高度"根据输入的值设置文字高度。如果输入 0.0，每次用该样式输入文字时，系统都将提示输入文字高度。输入大于 0.0 的高度值则为该样式设置固定的文字高度。在相同的高度设置下，TrueType 字体显示的高度要小于 SHX 字体。

"大字体"指定亚洲语言的大字体文件。只有在"字体名"中指定 SHX 文件，才能使用"大字体"。只有 SHX 文件可以创建"大字体"。

【插入及修改文字】

1. 插入单行文字

动态书写单行文字，在书写时所输入的字符动态显示在屏幕上，并用方框显示下一文字书写的位置。书写完一行文字后按"Enter"键可继续输入另一行文字。利用此功能可创建多行文字，但是每一行文字为一个对象，可单独进行编辑修改。

（1）命令执行方法

✍"绘图"菜单："文字"→"单行文字"

✍命令行："Text"或"Dtext（DT）"

（2）主要命令格式

命令：DT

TEXT

当前文字样式：Standard 当前文字高度： 30 注释性：否 对正：左

指定文字的起点或［对正（J）/样式（S）］： //点取一点作为文本的起始点。

指定高度<30>： //确定字符的高度。

指定文字的旋转角度<0>： //确定文本行的倾斜角度，然后直接在光标提示处输入文字。

（3）选项命令或菜单命令说明

① 对正（J）：用于选择输入文本的对正方式，对正方式决定文本的哪一部分与所选的起始点对齐。用户应根据文字书写外观布置要求，选择一种适当的文字对正方式。

② 样式（S）：确定当前使用的文字样式。

③ 指定高度：按前一次制定的高度确定字符的高度。如果在当前文字样式格式中已设定好高度，则该项不出现。

（4）文字输入中的特殊字符 对有些特殊字符，AutoCAD 还提供了控制码的输入方法，如直径符号用"%%C"、角度符号用"%%D"、正负用"%%P"等。

2. 插入多行文字

"Mtext"命令允许用户在多行文字编辑器中创建多行文本。与"Text"命令创建的多行文本不同的是，用"Mtext"命令创建的多行文本为一个对象，作为一个整体进行移动、复制、旋转、镜像等编辑操作。多行文本编辑器与 Windows 的文字处理程序类似，可以灵活方便地输入文字，不同的文字可以采用不同的字体和文字样式，而且支持 TrueType 字体、扩展的字符格式（如粗体、斜体、下划线等）、特殊字符，并可实现堆叠效果以及查找和替换功能等。多行文本的宽度由用户在屏幕上画定一个矩形框来确定，也可在多行文本编辑器中精确设置，文字书写到该宽度后自动换行。利用多行文字编辑器书写多行的段落文字，可以控制段落文字的宽度、对正方式，允许段落内文字采用不同字样、不同字高、不同颜色和排列方式，整个多行文字是一个对象。

（1）命令执行方法

"绘图"工具栏： A

"绘图"菜单："文字"→"多行文字"

命令行："Mtext（MT 或 T）"

（2）主要命令格式

命令：Mt Mtext 当前文字样式："建筑"当前文字高度：100 注释性：否 //按当前文字样式："建筑"已确定文字高度为 100。

指定第一角点 //指定矩形框的第一个角点。

指定对角点或［高度(H)/对正(J)/行距(L)/旋转(R)/样式(S)/宽度(W)］：

（3）选项命令或对话框说明

"文字格式"工具栏（图 3-118）用于控制多行文字对象的文字样式和选定文字的字符格式。

① 文字样式：设定多行文字的文字样式。

② 字体：为新输入的文字指定字体或改变选定文字的字体。TrueType 字体按字体族的名称列出。AutoCAD 编译的形（Shx）字体按字体所在文件的名称列出。

③ 文字高度：按图形单位设置新文字的字符高度或更改选定文字的高度。

④ 文字颜色：为新输入文字指定颜色或修改选定文字的颜色。可以将文字颜色设置为

"随层（Bylayer）"或"随块（Byblock）"，也可以从颜色列表中选择一种颜色。

图 3-118 "文字格式"工具栏

3. 修改文字内容

用于修改已经绘制在图形中的文字内容。

（1）命令执行方法

菜单："修改"→"对象"→"文字"→"编辑"

图标："文字"工具栏 ⒶⱭ

单击文字：用鼠标直接单击被编辑的文字

命令行："textedit"

（2）选项命令或菜单命令说明　如果选取的文本是用"Text"命令创建的单行文本，则打开"编辑文字"对话框，在其中的"文字"文本框中显示出所选的文本内容，可直接对其进行修改。如果选取的文本是用"Mtext"命令创建的多行文本，则选取后打开"多行文字编辑器"，可在对话框中对其进行编辑。

4. 缩放选定的文字对象

用于修改已经绘制在图形中的文字的大小。

（1）命令执行方法

"文字"工具栏：Ⓐ

"修改"菜单："对象"→"文字"→"比例"

命令行："Scaletext"

（2）主要命令格式

命令：Scaletext

选择对象：找到 1 个　　　　　　　　　　　　　　　//指定要缩放的文字。

选择对象：　　　　　　　　　　　　　　　　　　　//输入缩放的基点选项。

［现有（E）/左（L）/中心（C）/中间（M）/右（R）/左上（TL）/中上（TC）/右上（TR）/左中（ML）/正中（MC）/右中（MR）/左下（BL）/中下（BC）/右下（BR）]<现有>：

指定新高度或［匹配对象（M）/缩放比例（S）]<100>：　//指定新高度或缩放比例。

（3）选项命令说明

① 匹配对象：缩放最初选定的文字对象以与选定文字对象的大小匹配。

② 缩放比例：按参照长度和指定的新长度缩放所选文字对象。

5. 一次修改文字的多个参数

利用"Properties（PR）"即"特性"命令或利用菜单栏打开"特性"对话框，选中需要编辑的文字对象。利用此对话框可以方便地修改文字对象的内容、图层、样式、高度、颜色、线型、位置、角度等属性。

【图纸乱码解决方法】

在实际园林工程设计及实施过程中，不同设计院或者施工企业之间的 CAD 文件传输的时候，经常会遇到有些 DWG 文件打开后，图纸中的文字出现乱码的情况。

1. 出现弹窗

在出现的弹窗中选择"为每个 SHX 文件指定替换文件"，一般选择"gbcbig. shx"字体，即可正常显示（图 3-119）。

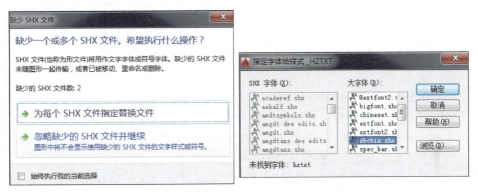

图 3-119　打开文件提示缺少 SHX 文件时指定字体给样式

2. 手动替换

选中对象，查看文字样式，新建字体，设定样式名，采用格式刷替换字体。在命令行运行"FI"命令，找到字体样式名，特性栏选择新建的字体，文字即可正常显示。

3. 下载缺失的字体

网上下载 CAD 文件中缺失的 SHX 文件并复制。目标是 CAD 的安装目录，在根目录下FONTS 文件夹中粘贴，文字即可显示。

【设置标注样式】

尺寸标注是绘制园林建筑施工图必不可少的部分，标注包含有多种样式，标注样式控制着标注的格式和外观。每种样式都由基本元素组成，包括尺寸界线、标注文字、尺寸线和箭头。创建标注时，AutoCAD 2016 使用的默认设置为标准模式（Standard），根据应用的实际需要，用户可以自行选择创建的标注样式，或对基本元素重新设置以满足特殊要求。在"标注样式管理器"对话框中，用户可以进行尺寸标注样式的创建和编辑，如图 3-120 所示。

设置标注样式

一、标注样式管理器

1. 命令执行方法

🔗"样式"工具栏：

🔗"格式"菜单："标注样式"

🔗"标注"面板："样式"

🔗命令行："Dimstyle"

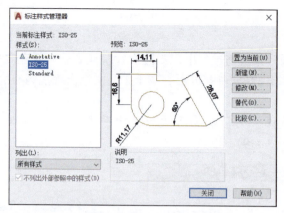

图 3-120　"标注样式管理器"对话框

2. "标注样式管理器"对话框说明

（1）样式　该列表框中显示了图形中存在的所有标注样式，高亮显示的为当前尺寸标注样式。在某个标注样式上单击鼠标右键，将弹出快捷菜单，利用快捷菜单可以将该标注样式"置为当前""重新命名""删除"。

（2）列出　该下拉列表框用于控制"样式"列表框中所显示的标注样式。有"所有样式"和"正在使用的样式"两个选项。

（3）预览　在预览区显示选定标注样式的预览图形。

（4）置为当前　单击该按钮，则将所选标注样式设置为当前样式。

（5）新建　用于创建新的尺寸标注样式。单击"新建"按钮，弹出"创建新标注样式"对话框，如图 3-121 所示。

① 新样式名：在该文本框中可以输入新创建标注样式的名称。

图 3-121　"创建新标注样式"对话框

② 基础样式：选择新创建样式所使用的模板，即在模板样式的基础上对各选项进行新的设置。

③ 用于：该文本框用于指定新建样式的作用范围。

设置好上述 3 项后，单击"继续"按钮，则打开"新建标注样式"对话框，如图 3-122 所示，用户可以在此对话框进行各项设置。

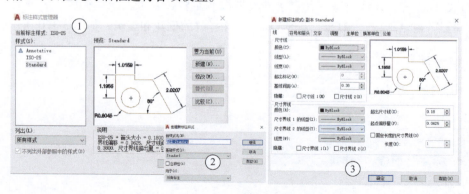

图 3-122　"新建标注样式"对话框

（6）修改　编辑在"样式"列表框中选中的标注样式。单击该按钮，弹出"修改标注样式"对话框。

（7）替代　设置标注样式的临时替代值。单击该按钮，弹出"替代当前样式"对话框。

（8）比较　比较两个尺寸标注样式的差别。单击该按钮，弹出"比较标注样式"对话框，在该对话框中列出了两个尺寸标注样式的差别。

二、创建新的尺寸样式

打开"标注样式管理器"，单击"新建"按钮，将弹出"创建新标注样式"对话框，如图 3-121 所示。在该对话框中单击"继续"按钮所打开的"新建标注样式"对话框（图 3-122）、在"标注样式管理器"中单击"修改"按钮所打开的"修改标注样式"对话框和单击"替代"按钮所打开的"替代当前样式"对话框，都包含下列选项卡："符号和箭头""文字""调整""主单位""换算单位""公差"，可按相同的方法进行设置。下面仅以"新建标注样式"对话框（图 3-122）为例进行介绍。

1. 设置尺寸线和尺寸界线

在"新建标注样式"对话框中选择"线"选项卡。该选项卡用于设置尺寸线（图 3-123）、尺寸界线、圆心标记。在右上角的预览区会自动更新显示所设置各选项的效果。其中尺寸线和尺寸界线设置有些选项类似，都含有颜色、线型、线宽、隐藏等信息。

① 基线间距：在使用基线标注时，设置各尺寸线之间的距离。

② 固定长度的尺寸界线：设置尺寸界线从尺寸线开始到标注原点的总长度，使得所有尺寸界线以固定长度显示。

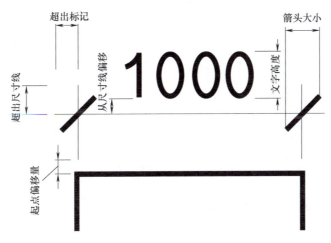

图 3-123　尺寸线

2. 设置文字样式

在"新建标注样式"对话框中选择"文字"选项卡。该选项卡用于设置文字外观、文字与尺寸线的位置关系等。在右上角的预览区会自动更新显示所设置各选项的效果。

① 文字样式：设置标注文字所使用的文本样式。单击　按钮，将打开"文字样式"对话框，如图 3-124 所示，用户可以在该对话框中对数字显示样式进行详细设置。

② 垂直和水平：设置标注文字相对于尺寸线在垂直方向和水平方向上的对齐方式。

③ 文字对齐：控制标注文字放在尺寸界线内外时的方向是保持水平还是与尺寸界线平行。

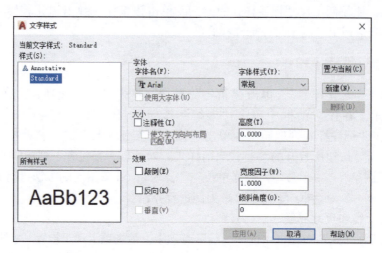

图 3-124　"文字样式"对话框

3. 调整文字与尺寸线、箭头的位置关系

在"新建标注样式"对话框中选择"调整"选项卡，如图 3-125 所示。该选项卡用于调整标注文字与尺寸线、箭头的位置关系等。在右上角的预览区会自动更新显示所设置各选项的效果。

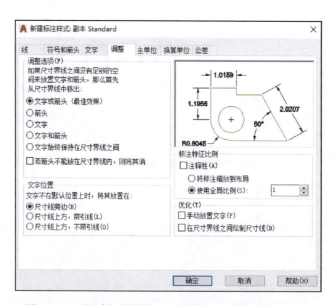

图 3-125　"新建标注样式"对话框中的"调整"选项卡

（1）调整选项　在进行尺寸标注时，一般将标注文字和箭头都放在尺寸界线内；当尺寸界线间的空间不够时，则用该选项部分设置来处理。

（2）文字位置　若将标注文字从默认位置移动，则按该部分设置来处理文字与尺寸线的位置关系。一般设为尺寸线旁边或不带引线在尺寸线上方。

（3）标注特征比例

① 使用全局比例：为所有标注样式设置一个比例，这些设置指定了大小、距离或间距，包括文字和箭头大小。该缩放比例并不更改标注的测量值。

② 将标注缩放到布局：根据当前模型空间视口和图纸空间之间的比例确定比例因子。

（4）优化　一般始终在尺寸界线之间绘制尺寸线：始终将尺寸线放置在尺寸界线之间，即使箭头位于尺寸界线外。

4. 设置尺寸标注的主单位

在"新建标注样式"对话框中选择"主单位"选项卡，如图 3-126 所示。该选项卡用于设置尺寸标注的单位等。在右上角的预览区会自动更新显示所设置各选项的效果。

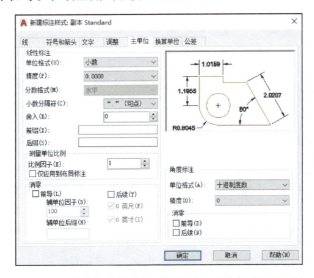

图 3-126　"新建标注样式"对话框中的"主单位"选项卡

① 单位格式：确定标注尺寸时所使用的单位格式。

② 精度：设置标注尺寸的精度，即小数点位数。

③ 比例因子：设置线性标注测量值的比例因子。

④ 仅应用到布局标注：该复选框用于控制是否将所设置的比例因子仅应用在图纸空间。

【尺寸标注】

1. 创建尺寸标注

"标注"工具栏：如图 3-127 所示

选项区面板：选择"标注"工具面板（图 3-128）

命令行："DIM"

下面介绍几种常见的标注类型与方法。

1）在命令行输入"DLI"，按空格键两次，单击线段进行标注。

2）在命令行输入"DAL"，按空格键两次，单击斜线进行标注。

3）在命令行输入"DRA"，按空格键，单击圆弧进行半径标注。

4）在命令行输入"DDI"，按空格键，单击圆进行直径标注。

5）在命令行输入"DAN"，按空格键，单击两条线进行角度标注。

6）在命令行输入"QDIM"，全选线段进行快速标注。

图 3-127　工具菜单的标注工具栏

图 3-128　"标注"工具面板

2. 编辑尺寸标注

一般情况下，在进行尺寸标注之前，都应该使用"标注样式管理器"对话框进行必要的设置。也可以先标注一个尺寸，再根据这个尺寸在"标注样式管理器"对话框进行合适的设置。这样，绘制出来的尺寸标注一般都能符合要求；对于还不符合要求的可以选用其他编辑方法进行修改。

1）利用夹点编辑。单击夹点后命令行提示"指定拉伸点或〔基点（B）/复制（C）/放弃（U）/退出（X）〕"，如果是引线标注，则可对箭头进行多次复制。

2）AutoCAD 提供的专门尺寸标注编辑命令，如"替代""更新"等。

3）利用"特性"选项板进行对象特性编辑管理，包括"基本""其他""直线和箭头""文字""调整""主单位""换算单位""公差"等内容。

4）用户可以使用"Copy""Move""Explode"命令对尺寸标注对象进行复制、移动和分解。

【创建引线样式】

引线对象是一条直线或样条曲线，其中一端带有箭头，另一端带有多行文字对象或块。它可以用来创建坡度标注、标高标注、详图索引标注等（图 3-129）。

下面以标高符号引注样式（图 3-130）为例，介绍创建引线样式的方法。

1）创建图块。在 0 图层绘制高度 3.5 的三角标高符号，然后建立"标高"图块。

2）定义图块。双击进入块编辑器定义，在符号上方指定名称为"标高"的属性，标记为"$H=$"，提示为"标高"，默认为"%%p0.00"，文字样式为"_TCH_DIM"。

3）建立标高引线样式，样式名为"标高"。制定比例 1：100，多重引线类型采用"块"，块选项中源块采用"标高"。其他参考图 3-130 中所示勾选。尝试修改"标高"样式。

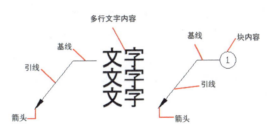

图 3-129　引线样式

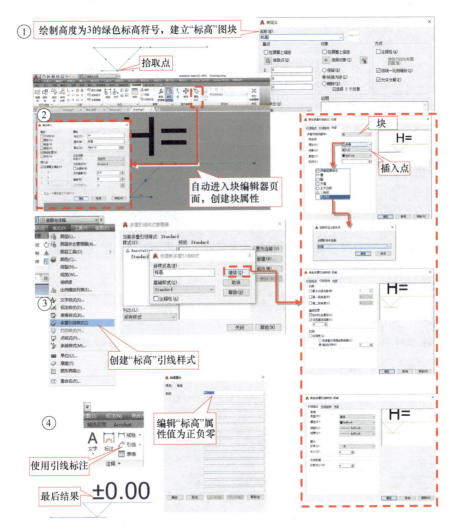

图 3-130　创建标高符号引注样式

4）选择"标高"样式进行标注索引，会出现如图 3-131 所示提示要求输入属性值，正负零符号为默认值，根据需要后期也可修改。

【修改对象特性】

在 AutoCAD 中，对象特性是一个比较广泛的概念，绘制的每个对象都具有特性。有些特性是基本特性，适用于多数对象，例如图层、颜色、线型和打印样式。有些特性是专用于某个对象的特性，例如，圆的特性包括半径和面积，直线的特性包括长度和角度。多数基本特性可以通过图层指定给对象，也可以直接指定给对象。

如果将特性值设置为"Bylayer"，则该对象的值与图层的特性相同。例如，如果为在图层"0"上绘制的直线指定了颜色"Bylayer"并将图层"0"指定为"红色"，则直线的颜色将为红色。

如果将特性设置为指定的值，则该值将替代图层中设置的值。例如，如果将图层"0"上的直线指定为"蓝色"并将图层"0"指定为"红色"，则直线的颜色为蓝色。

一、对象特性管理

如果用户想访问特定对象的完整特性，则可通过"特性"选项板来实现，该窗口也用于查询、修改对象特性。"特性"选项板与 AutoCAD 绘图窗口相对独立且具有命令透明特征，即在打开"特性"选项板的同时可以在 AutoCAD 中输入命令、使用菜单和对话框等。因此在 AutoCAD 中工作时可以一直将"特性"选项板打开。而每当用户选择了一个或多个对象时，"特性"选项板就显示选定对象的特性。

1. 命令执行方法

✎"标准"工具栏：

✎"工具"菜单："特性"

✎快捷菜单：选择要查看或修改特性的对象，单击鼠标右键，然后单击"特性"

✎鼠标：双击大多数对象

✎命令行："Properties"（缩写"CF""MO""PRO"）

2. "特性"选项板

首先以未选中任何对象的"特性"选项板（图 3-131）为例介绍其基本界面。该窗口中各组成部分功能如下。

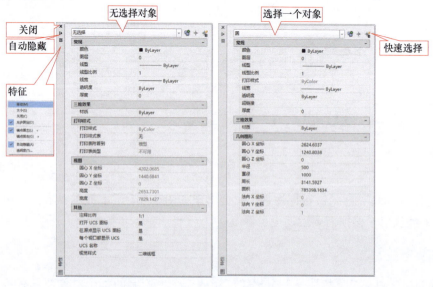

图 3-131　"特性"选项板

（1）标题栏　显示窗口名称。可用鼠标拖动标题栏改变窗口位置；单击标题栏"特性"按钮会使窗口在固定和浮动状态之间切换，改变窗口的大小；也可关闭（隐藏）"特性"选项板。

（2）选定对象列表　分类显示选定的对象，并用数字来表示同类对象的个数，如"直线2"表示选定对象中包括两条直线；没有选中对象时显示"无选择"。

（3）"快速选择对象"按钮　单击该按钮可弹出"快速选择"对话框。

（4）"选择对象"按钮　单击该按钮后进入选择状态，这时可在绘图窗口选择特定对象。

（5）切换"Pickadd"变量开关按钮　单击该按钮可使按钮图案在▣和▣之间切换，按钮图案▣表示系统变量Pickadd值置为1；按钮图案▣表示系统变量Pickadd值置为0。

（6）特性条目　显示并设置特定对象的各种特性。根据选定对象的不同，特性条目的内容和数量也有所不同。

（7）说明栏　显示选定特性条目的说明。

如果在绘图区域中选择某一对象，"特性"选项板将显示此对象所有特性的当前设置，用户可以修改任意可修改的特性。根据所选择的对象种类的不同，其特性条目也有所变化。此外 AutoCAD 提供了对象特性工具栏，可直接配合"特性"选项板使用。

二、特性匹配

使用"特性匹配"，可以将一个对象的某些或所有特性复制到其他对象。可以复制的特性类型包括（但不仅限于）：颜色、图层、线型、线型比例、线宽、打印样式和厚度。

1. 命令执行方法

🔗"标准"工具栏：✎

🔗"修改"菜单："特性匹配"

🔗"工具"选项面板："特性匹配" ▣

🔗命令行："Matchprop"（缩写："MA"）

2. 主要命令格式

命令：Matchprop

选择源对象：

此时可以选择一个或多个要复制特性的对象，将源对象的特性复制到其上。此外，也可以选择显示"特性设置"对话框，要控制传递某些特性。输入"s（设置）"后，系统将弹出"特性设置"对话框。在"特性设置"对话框中，用户可以清除不希望复制的项目（默认情况下所有项目都打开）。

【认识和使用图层】

CAD 中图层（图 3-132）的基本作用，一个是图形的组织和管理，另一个是图形属性（例如：线型、线宽和颜色）的控制（图 3-133）。

CAD 中的图层就好比一层层绘图纸，可以将不同的对象绘制在指定的图层上。例如，可将所有的苗木绘制在起名为"树"的图层上；当不需要看到苗木布置效果时，直接关闭"树"图层，就可以快速隐藏所有苗木。

1. 命令执行方法

🖰 "标准"工具栏："格式"→"图层"（图 3-134）

🖰 "工具"选项面板："图层管理器"（图 3-135）

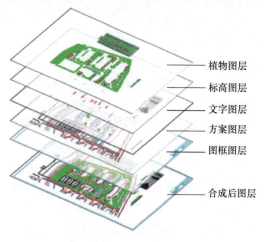

图 3-132　图层

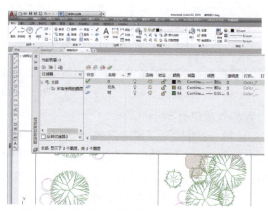

图 3-133　图层中开关控制各图层的显示与否

图 3-134　利用工具栏打开图层管理器

图 3-135　利用"工具"选项面板打开图层管理器

🖰 命令行："Layer"（快捷方式"LA"）

2. 管理图层（图 3-136）

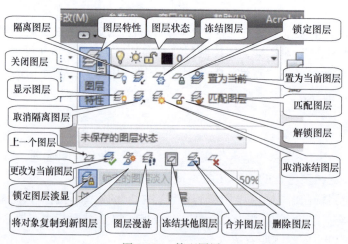

图 3-136　管理图层

1. 绘制住宅建筑平面图。
2. 绘制赵州桥简笔画（图 3-137）。

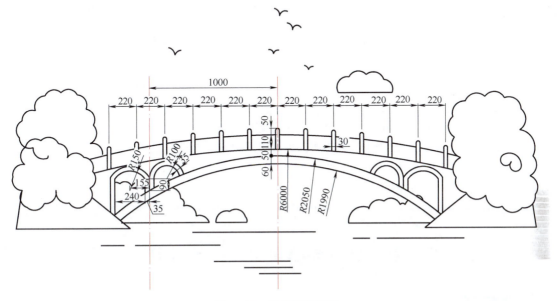

图 3-137　赵州桥简笔画

3. 利用曲线类命令、"填充"命令绘制熊猫简笔画（图 3-138）。

图 3-138　熊猫简笔画

4. 绘制园林建筑小品的平面图、立面图和剖面图。

教学情境四

打 印 输 出

任务一　在模型空间打印出图

任务描述

　　在园林设计业界，有些资深工程师习惯在同一个模型空间中绘制图形和打印图纸，在模型空间出图的优点是不用改变模型空间中的对象，可在原位进行修改，达到所见即所得效果，便于工作交流。可在模型空间中建立众多图框排版打印，尤其适用于景观建筑工程详图设计中。

任务实施

一、在模型空间中打印图纸

　　1）打开"模型空间单比例打印.dwg"，文件中的对象使用了红、黄、绿、蓝、紫、黑、灰等颜色。

　　2）选择打印机和图纸图幅尺寸（图4-1）。从菜单栏选择"文件/打印"，或在"输出"面板单击"打印"按钮，或在命令行输入"PLOT"，或按"Ctrl+P"键，调出"打印-模型"窗口，根据自己的周边设备情况选择打印机。这里选择 DWG To PDF.pc3 虚拟打印机，选择国际标准"ISO full bleed A3"图幅，尺寸为"420.00×297.00毫米"。

　　3）调整打印样式。单击"更多选项"按钮 ⊙，可以在"打印"对话框中显示更多选项。单击按钮 ⚠ 调出打印机样式表编辑器，打印样式采用 acad.ctb，当前为使用对象颜色。结合"Shift"键选取全部颜色号，在特性

在模型空间中
打印图纸1

在模型空间中
打印图纸2

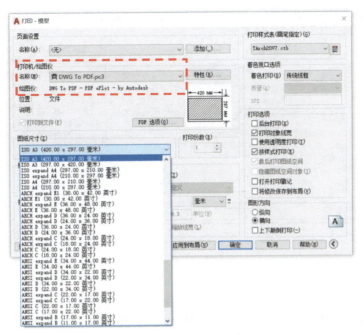

图 4-1 选择打印机和图纸图幅尺寸

选项栏"颜色"中选"黑色"，确保打出的颜色为黑白图。

选择全部颜色宽度为默认 0.25，然后修改其他线宽。选择红色（颜色 1），"线宽"选项选 0.09。选择灰色（颜色 8），"线宽"选项选 0.15，淡显选项为 60%。选择黄色（颜色 2），"线宽"选项选 0.35。这样输出的图纸具有层次感。

线型已在图层中设为默认状态，即"使用对象线型"。

4）选择图纸打印范围。打印范围选择窗口方式，进入模型空间精确套选需要打印的图幅，这里选择最外面的图幅框线。注意图形方向，XY 轴方向偏移为 0，或采用居中方式，随时观察打印机"选项"窗口显示得是否合适。

5）选择打印比例。图框绘制尺寸为 29700mm×42000mm，选择打印出图比例 100mm 为 1 单位出图，则打印出的 A3 图幅实际图纸尺寸为 297mm×420mm。打印后的 A3 实际图纸，其图形比例为 1∶100，可以理解为在该图纸中所有绘制的图形都是处于 1∶100 打印环境。建筑景观专业图纸一般按 mm 绘制，按照 1 单位（unit）为 1mm 绘制来理解。喷泉平面图中 1000 单位代表 1000mm，打印出的尺寸为 10mm，实际量取代表 1m。

此外，也可以直接勾选"布满图纸打印"，打印结果保留图幅线。

预览（图 4-2）后打印为 PDF 格式文件。文件传到任意打印机按图幅打印，即可打印出 1∶100 的 A3 图纸。

二、在模型空间中一纸多比例打印出图

1. 打开图形文件，确认工作任务

打开"跌水.dwg"，图中 A3 图幅给出 1 个总平面图、3 个详图和文字说明。任务要求详图中跌水平面和立面按 1∶50 出图，1—1 剖面图按 1∶20 出图，文字说明及图名比例同图框打印比例。

在模型空间中一纸多比例打印出图 1

153

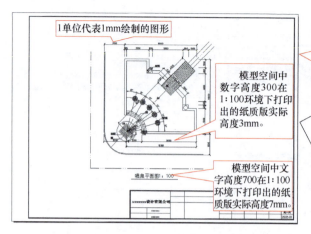

图 4-2 打印预览

2. 确定图框尺寸和图框打印比例

1）打印比例问题。一般园林景观专业的建筑图纸都在同一模型空间中绘制，习惯 1 单位代表 1mm，例如绘制 1000 单位为 1000mm。给出的 A3 图幅比例尺寸为 29700×42000，调出"打印-模型"窗口，在"打印比例"中选择 1：100 出图，则打印后的 A3 纸张实际图幅尺寸为 297mm×420mm，即该图幅绘图环境为 1：100。给出的场地平面图不用调整即可满足打印比例 1：100 要求。若 1：50 和 1：20 详图也在该出图环境中，则要打印在同一张 A3 图幅之内。按道理可以将详图放大 2 倍和 5 倍即可满足要

在模型空间中
一纸多比例
打印出图 2

求，但放大后图形中的文字高度和尺寸标注数字也相应被放大了。为了使同一张图中字体高度和标注方式大小统一，应事先把它们缩小相同倍数，最后与图形一起做成块后放大相同倍数（图 4-3）。

2）根据需要重新布图。对应平立面图 1：50 和剖面图 1：20 的出图要求，尝试把平、立面图放大 2 倍，把剖面图放大 5 倍，加上图签后发现这 3 个详图在 A3 图框中放不下，因此需要用 A2 图框出图。

3. 1：100 休息场地详图标注

打印前应先在功能面板中创建标注文字、尺寸标注和引线标注样式（图 4-4）。

（1）创建文字样式 打开功能区"注释"面板，在文字创建功能区"文字"命令的右侧单击，打开"文字样式"对话框（图 4-5）。建立"图名标注"样式，使用大字体，大字体采用 gbcbig. shx，SHX 字体采用 Gbenor. shx。字体宽度因子 0.9，高度为 0（利于在绘制过程中设定文字高度）。分别选择图纸中的图名和说明文字，修改为"标注文字"样式，字体高度为 700。修改图纸说明字体高度为 350。该高度按 1：100 出图，实际高度为 7mm 和 3.5mm。实际字体高度与打印后图纸相匹配。

（2）创建标注样式进行尺寸标注 打开功能区"注释"面板，在注释创建功能区"注释"命令的右侧单击，按以下过程创建 1：100 标注样式。

采用 ISO-25 为基础样式，按国标要求新建标注样式，名称为"1-100"。如图 4-6 所示，

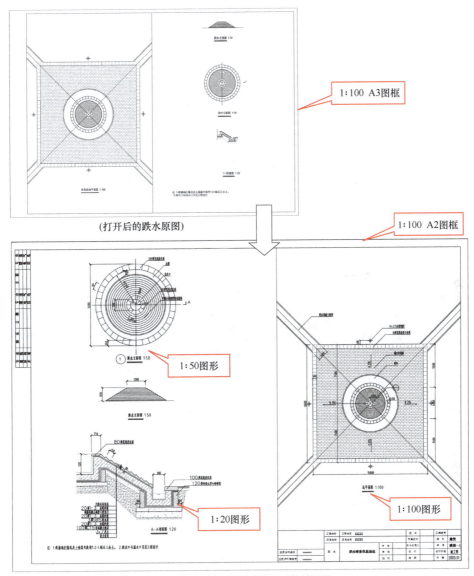

图 4-3　原图与打印效果比较

修改文字高度为 3.5，文字样式选择"图名标注"，主单位线形标注为 0。尺寸线和界线颜色选绿色，超出标记定为 0.8，基线间距定为 7~10，尺寸界线超出尺寸线 0.8，基线偏移量 3。文字位置勾选"尺寸线上方""不带引线"。对 1∶100 比例的详图进行尺寸标注。

（3）创建多重引线样式　打开功能区"注释"面板，在创建引线区"引线"命令的右侧单击　，打开"多重引线样式管理器"，创建 1∶100 多重引线样式。修改 Standard 默认样式，在"引线结构"选项卡中设定比例 100，引线格式颜色选绿色，箭头符号为小点模式，

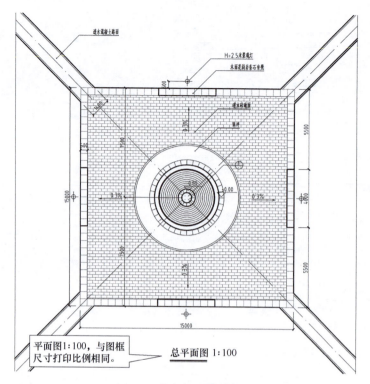

图 4-4　休息场地详图标注

图 4-5　创建文字样式

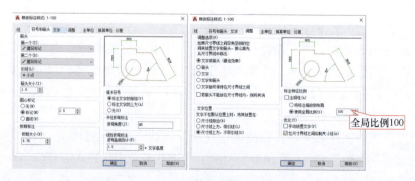

图 4-6　创建标注样式

尺寸为2。对1∶100比例的详图进行多重引线标注（图4-7）。

图4-7　创建多重引线样式

（4）创建详图索引样式　以引线样式"1-100"为基础新建"详图索引"样式，在"引线结构"选项卡中设定比例100，引线颜色选绿色。"内容"选项卡中多重引线类型为"块"。

绘制直径10的圆，并在内部绘制直径横线，然后建立名称为"索引"的图块。双击进入块编辑器定义（图4-8），在圆中指定编号和图号两个属性。利用"详图索引"样式进行标注索引时，会出现如图4-9所示对话框，要求输入编号和图号属性值。对1∶100比例的详图进行引线标注。

图4-8　进入"索引"图块块编辑器定义

图4-9　输入属性值

（5）创建坡度符号引线样式　以"1-100"引线样式为基础新建"坡度"引线样式，箭头选"实心闭合"，颜色选绿色。对1∶100比例的详图进行符号引线标注。

（6）创建标高符号图块样式

① 创建图块：在0图层绘制高度3.5的三角标高符号，然后建立名称为"标高"的图块。

② 定义图块：双击进入块编辑器定义，在符号上方指定名称为"标高"的属性，标记为"H="，提示为"标高"，默认为"%%p0.00"，文字样式"_TCH_DIM"。修改文字属性宽度因子为0.9。

③ 选择"标高"图块插入：命令行要求输入插入比例，如图4-10所示输入"100"，然后出现"编辑属性"对话框，要求输入属性值，正负零符号为默认值。确定插入。

④ 修改数值：单击数值，如图4-10所示，根据需要可修改。

4. 1∶50跌水详图标注

1）尺寸标注。采用标注样式"1-100"为基础样式，新建标注样式"1-50"，在"标注

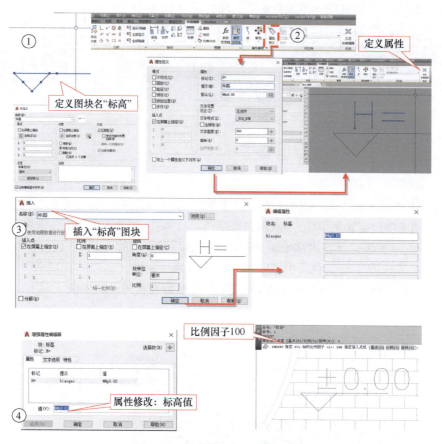

图 4-10　创建标高符号图块样式

特征比例"中使用全局比例为 50，建立 1∶50 的标注样式。对 1∶50 比例的详图进行尺寸标注。

2）引线标注。以 Standard 为基础新建标注样式"1-50"，在"引线结构"选项卡中设定比例 50，引线颜色选绿色。对 1∶50 比例的详图进行引线标注。

3）标高标注。平面图中重新插入标高图块，在命令行提示下输入比例 50。

5. 1∶20 剖面详图标注

1）尺寸标注。采用标注样式"1-100"为基础，新建标注样式"1-20"，在"标注特征比例"中使用全局比例为 20，建立 1∶20 的标注样式。对 1∶20 比例的详图进行尺寸标注。

2）引线标注。以 Standard 为基础新建标注样式"1-20"，在"引线结构"选项卡中设定比例 20，引线颜色选绿色。对 1∶20 比例的详图进行引线标注。

6. 制作图块并放大比例

选择图 4-11 中的跌水平面图，复制图形粘贴为块插入到当前位置，并放大 2 倍，该图形即为 1∶50。选择跌水立面图，复制图形粘贴为块插入到当前位置，并放大 2 倍，该图形即为 1∶50。选择标注后的 A—A 剖面图，复制图形粘贴为块插入到当前位置，并放大 5 倍，

在模型空间中一纸多比例打印出图 3

该图形即为 1∶20。

如图 4-12 所示，根据上述方式利用图块缩放修改比例的方式，图形之间的引线符号、文字标注、数字尺寸统一在一张图纸当中，即可实现在模型空间中一纸多比例打印出图。

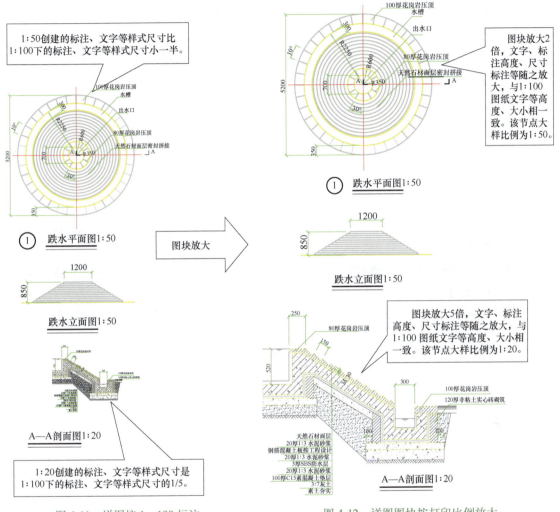

图 4-11　详图按 1∶100 标注　　　　　图 4-12　详图图块按打印比例放大

三、在模型空间利用注释特性一纸多比例打印出图

将不同比例的图形文字、引线、尺寸标注统一到一张图纸中，需要的步骤较多，因此可以按工作手册方法修改标注或图块的注释性，实现简化打印步骤的目的。该过程要求关闭按钮。

在模型空间中利用注释特性一纸多比例打印出图 1

1. 创建注释性标注样式

以名称为"1-100"的标注样式为基础，在"标注特征比例"中勾选"注释性"，创建名为"注释性 1-100"的标注样式。

在状态行关闭按钮，禁止比例跟随，设定比例 1∶50，然后对 1∶50 比例的详图进行尺寸标注。

设定比例 1∶20，关闭 按钮，对 1∶20 比例的详图进行尺寸标注（图 4-13）。

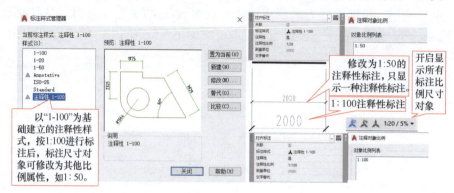

a) 创建一个注释性样式   b) 修改并显示注释性样式

图 4-13　创建注释性标注样式

2. 创建注释性引线样式

Standard 为默认样式，在"引线结构"选项卡中勾选"注释性"，新建名称为"注释 1-100"的引线样式。

在状态行 关闭 按钮，禁止比例跟随，设定比例 1∶50，然后对 1∶50 比例的详图进行引线标注。

关闭 按钮，禁止比例跟随，设定比例 1∶20，然后对 1∶20 比例的详图进行引线标注。

按上述方式修改坡度引线的注释性，进行坡度标注（图 4-14）。

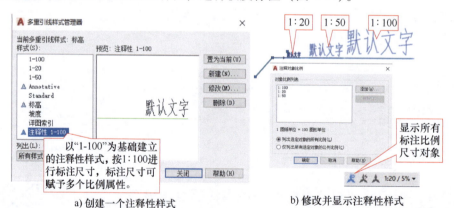

a) 创建一个注释性样式   b) 修改并显示注释性样式

图 4-14　创建注释性引线样式

3. 修改"标高"图块的注释性属性

① 利用"B"命令创建"标高"图块。选择图块"标高"，在"增强属性编辑器"→"文字选项"→"方式"中勾选"注释性"选项。

② 定义图块。双击"标高"图块，进入块编辑器定义，指定名称为"标高"的属性，标记为"H＝"，提示为"标高"，默认为"%%p0.00"，文字样式"_TCH_DIM"，字体高度3.5。

在模型空间中利用注释特性—纸多比例打印出图 2

③ 插入块。在状态行 关闭 按钮，禁止比例跟随，设定比例下拉菜单选择 1∶100。选择"标高"图块插入，单击插入位置。命令行要求输入插入比例，输入1。然后出现"编辑属性"对话框，要求输入属性值，正负零符号为默认值。这时就插入了1∶100 的标高符号。

按上述插入块的方法，在跌水详图平、立面图中插入1∶50的标高符号。

按上述插入块的方法，在跌水剖面图中插入1∶20的标高符号。

4. 制作图块并放大比例

分别把跌水平、立面和剖面做成图块，根据比例放大。根据上述方式利用图块缩放修改比例的方式，可以实现在模型空间中一纸多比例打印出图。

5. 修改说明文字的注释性

将非注释性文字改变成注释性文字，只需在模型空间选中文字，在"特性"面板的"文字"里将文字高度修改为2.5mm，并单击"注释性"下拉箭头，点选"是"即可。这时自动弹出"注释对象比例"，并默认添加了与状态行 相对应的比例。如果还想添加1∶50比例，可在"注释对象比例"中选择添加。关闭 按钮，禁止比例跟随，设定比例（如1∶50），文字比例将随添加的比例变化为1∶50；如果添加的比例数值不存在于当前视图的注释性比例中，则不发生变化（图4-15）。

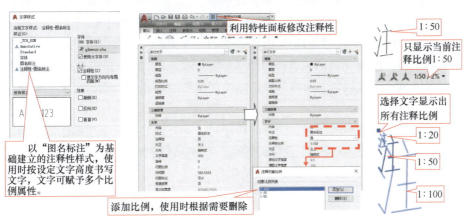

a) 创建并修改注释性样式　　　　　b) 将非注释性文字改变成注释性文字样式

图 4-15　创建并修改注释性文字

以上利用注释特性一纸多比例打印出图方法是在模型空间进行的，需要先将图形变为图块再缩放为相应比例的图形。大空间的园林规划图中使用的布局空间打印方法，可以不用放大图块，直接开视口赋予比例进行打印，可实现多人在一张图纸中分图层修改绘制，有利于协同工作。

<h2 align="center">工 作 手 册</h2>

【景观设计阶段图纸要求】

【园林景观专业制图常用数据】

【《房屋建筑制图统一标准》中的图线规定】

【设置"输出"面板】

【选择虚拟打印机】

【选择虚拟打印机打印格式】

【打印具有图幅线且比例相对准确的图纸】

【自定义图纸尺寸】

【制作打印样式表】

【注释特性】

【景观设计阶段图纸要求】

一套完整的园林设计一般可分为方案设计阶段和施工图设计阶段。

一般园林工程专业图纸除了不可缺少的封面、图纸目录外，还包括景观专业的景观设计说明、总图、竖向图、放线图、索引图、分区图、节点详图、铺装详图；绿化专业的绿化设计说明、苗木材料表、总图、乔木种植图、灌木种植图、地被种植图；另外还有建筑结构专业和水电专业的配套设计图纸。在大型园林规划中，以 A0、A1 图纸用得较多，在普通的园林规划设计中，A1、A2 图纸应用最广，建筑小品和施工图设计多用 A2 图纸。

如果严格按照比例打印，例如施工图成果中的专业图纸，应按图纸规范要求输出，所用的图纸不宜多于两种幅面（目录及表格所用 A4 幅面除外）。同一张图纸中，不宜出现三种以上比例。大区域的园林规划平面和节点图纸由于图形绘制比例和输出要求不一样，应尽量避免出现在同一张图纸中。

打印用于方案汇报文本制作和供交流的草图时，为方便装订常不按照比例打印，而是按照统一尺寸的幅面打印成 A3 或 A4 规格的图纸，这时候线宽设置要比按比例的小一号，常用 0.09、0.15、0.3，这样能使小图看上去清晰分明。

【园林景观专业制图常用数据】

（一）《房屋建筑制图统一标准》图幅大小

有 A0、A1、A2、A3、A4，可视情况加长。长边（L 边）加长 $L/4$ 的整数倍，A4 图一般无加长图幅（图 4-16）。

（二）比例

① 较大区域园林规划图：1∶5000（1∶2000、1∶1000）。

② 普通小范围的园林规划设计：总平面图 1∶1000（1∶500），局部平面详图 1∶200（1∶100）。

③ 建筑小品和施工图设计：平面 1∶100（1∶150），大样 1∶（10～30），楼梯 1∶50（1∶60），单元平面 1∶50，节点大样 1∶20（1∶10）等，其他可视情况而定。

（三）线型、宽度及各种线型的运用

1. 粗实线

A2（0.4～0.5mm）；A3（0.3～0.4mm）；A4（0.25～0.3mm）。用于平、立、剖面图及

幅面及图框尺寸 （单位: mm）

尺寸代号	幅面代号				
	A0	A1	A2	A3	A4
$b \times l$	841×1189	594×841	420×594	297×420	210×297
c	10			5	
a	25				

图纸长边加长尺寸 （单位: mm）

幅面代号	长边尺寸	长边加长后的尺寸
A0	1189	1486 (A0+1/4l) 1635 (A0+3/8l) 1783 (A0+1/2l) 1932 (A0+5/8l) 2080(A0+3/4l) 2230(A0+7/8l) 2378(A0+1l)
A1	841	1051(A1+1/4l) 1261 (A1+1/2l) 1471 (A1+3/4l) 1682(A1+1l) 1892(A1+5/4l) 2102 (A1+3/2)
A2	594	743(A2+1/4l) 891(A2+1/2l) 1041 (A2+3/4l) 1189(A2+1l) 1338 (A2+5/4l) 1486 (A2+3/2l) 1635(A2+7/4l) 1783(A2+2l) 1932 (A2+9/4l) 2080 (A2+5/2l)
A3	420	630(A3+1/2l) 841(A3+1l) 1051 (A3+3/2l) 1261 (A3+2l) 1471 (A3+5/2l) 1682(A3+3l) 1892 (A3+7/2l)

注: 有特殊需要的图纸，可采用$b \times l$为841mm×891mm与1189mm×1261mm的幅面。

图 4-16 图幅大小

详图中被剖切墙体的主要结构轮廓线；立面图的外轮廓线、剖切符号、详图符号、图面标志等（地平线依次用 0.6mm、0.4mm、0.3mm 粗实线）。

2. 中实线

A2（0.35mm）；A3（0.25mm）；A4（0.25mm）。用于平、立、剖面图及详图中物体的主要结构轮廓。

3. 细实线

A2（0.20mm）；A3（0.15mm）；A4（0.15mm）。用于平、立、剖面图中可见的次要结构轮廓线、尺寸标注线、折断线（不需画全的断开界限）、引出线（用于对各种需要说明的部位详细说明）、图例线、索引图标、标高图标等。

4. 细虚线

A2（0.15mm）；A3（0.1mm）；A4（0.1mm）。家具图中不可见的隔板，门窗的开启方式及图例线等。

5. 点画线

A2（0.15mm）；A3（0.1mm）；A4（0.1mm）。用于中心线、对称线、定位轴线。

6. 辅助实线

A2（0.05mm）；A3（0.03mm）；A4（0.03mm）。用于地面填充、玻璃纹理填充等。

7. 特粗线

1.0mm，一般用于建筑剖面、立面中的地坪线。

（四）文字

1）总说明文字，字高 6mm，宽 0.8，用仿宋体；大标题、图册封面字体、字高自定。

2）图名字体为仿宋，字体高 6mm，宽 0.9；比例字体高度 4.8。

3）图内文字注释字高 3.5mm、宽 0.7；字型文件优先采用 Hztxt. shx、gbcbig. shx。

4）尺寸数字标注用 simplex. shx、gbenor. shx 或仿宋字体，字高不小于 2.5mm；一般数字字高 3.5mm。

5）图签内图纸名称字高 5mm，项目名称、工程名称等字高 4mm，设计人、校对人等文字字高 3.5mm。

（五）尺寸标注

尺寸线标注超出标记定为 0.8，基线间距定为 7~10，尺寸界线超出尺寸线 0.8，基线偏移量 3，尺寸标注箭头采用"建筑标记"。标注的文字高度为 2.5~3。文字从尺寸线偏移 1.0。尺寸界线应用细实线绘制，一般应与被注长度垂直，其一端应离开图样轮廓（起点偏移量）不小于 2mm，箭头大小一般取 1~1.5mm。

（六）标高表示方法

1）标高以室内地面作为正负零（%%P0.00）位置，符号高 3mm。

2）标高以 m 为单位，其数字的小数点后保留 3 位数。

（七）详图索引标志

1）索引符号是由直径为 8~10mm 的圆和水平直径组成，圆及水平直径应以细实线绘制。

2）详图的位置和编号，应以详图符号表示。详图符号的圆应以直径为 14mm 的粗实线绘制。

3）定位轴线编号：编号注在轴线端部用细实线绘制的圆内，圆的直径为 8mm。

（八）其他

图纸名称的表示：应有图名、比例（字体高度是图名的一半），图名下面有粗实线（0.5mm）、细实线（0.2mm）两道线，长度与字体对齐，两线相距 1.5mm。

【《房屋建筑制图统一标准》中的图线规定】

线宽宜从 1.4、1.0、0.7、0.5、0.35、0.25、0.18、0.13mm 线宽系列中选取。图线宽度不应小于 0.1mm。每个图样，应根据复杂程度与比例大小，先选定基本线宽 b，再选用相应的线宽组，如图 4-17 所示。

【设置"输出"面板】

"输出"面板打印选项及设置如图 4-18 所示。

【选择虚拟打印机】

打印输出是一个专业性较强的工序，真实的打印图纸一般交由专业公司专业人员选择周边打印设备程序完成打印。

为顺利出图，避免不必要的麻烦，设计师应对打印设置做到心中有数，甚至在绘图时就应对图纸线型宽度等作好设置。

打印机/绘图仪设置窗口列出了用户安装的所有包括非系统打印机的绘图仪配置（PC3）文件名称。下拉列表会因软、硬件环境的不同而有所差异。在这个列表中有两种打印机，一

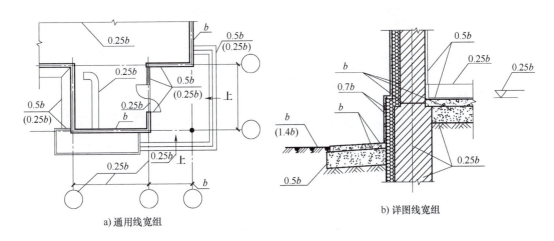

图 4-17　线宽规范要求

a) 通用线宽组

b) 详图线宽组

线宽组 (单位：mm)

线宽比	线宽组			
b	1.4	1.0	0.7	0.5
$0.7b$	1.0	0.7	0.5	0.35
$0.5b$	0.7	0.5	0.35	0.25
$0.25b$	0.35	0.25	0.18	0.13

注：1 需要缩微的图纸，不宜采用0.18及更细的线宽。
　　2 同一张图纸内，各不同线宽中的细线，可统一采用较细的线宽组的细线。

种是在操作系统中安装的打印机，这些打印机在 Word 或 PhotoShop 等软件中可以使用，在 CAD 中也可以使用；另一种是 CAD 内部安装的打印机，这些打印机可以是实际的打印机，比如 HP 打印机的驱动，也可以是虚拟的打印机，例如输出 PNG、JPG、PDF 等文件的驱动。

初学者由于对打印参数不熟悉，打印前可先预览，或者先选择一个 PDF 或图像打印驱动进行打印功能的学习（图 4-19）。

【选择虚拟打印机打印格式】

虚拟打印机打印格式主要有 PDF 和 JPG（图 4-20）。

1. EPS、JPG 格式

在园林工程设计中要向甲方汇报方案过程，需要把 CAD 图形屏幕打印为光栅格式，然后到 PhotoShop 中进行后期彩图处理。这要经过添加光栅打印机和打印输出为光栅文件两个阶段。导出的文件常选用 JPG 和 EPS 两种格式。EPS 文件在 PhotoShop 中方便易行，做小图优势明显，JPG 文件则在做规划方案打印彩色大图时应用较广。

在"打印机/绘图仪"对话框中选择 PostScript Level 2 打印机。注意勾选"打印到文件"选项。图纸尺寸选择 ISO A3 图幅，图纸单位选择毫米。图形方向根据要求选择。打印区域选择"窗口"。设置好之后就可以单击"确定"按钮出图了。如想更改文件储存路径，可在"选项"对话框的"打印和发布"选项卡中修改。

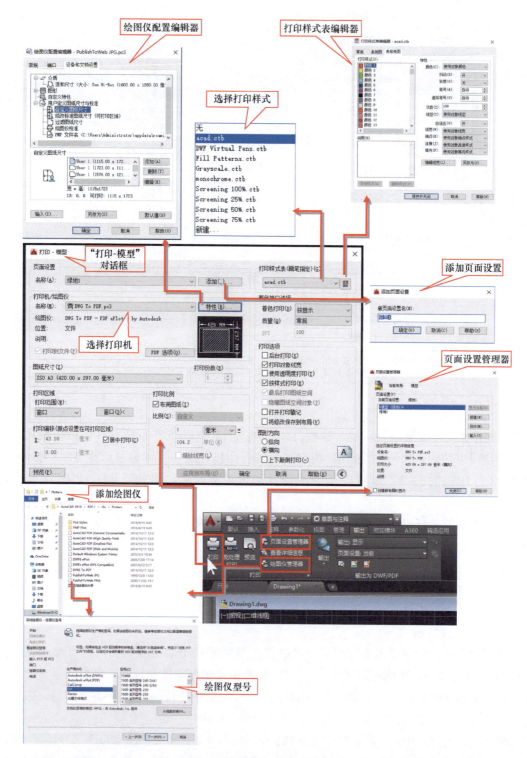

图 4-18　"输出"面板打印选项

2. PDF 格式

PDF 为 Portable Document Format 的简称，意为便携式文档格式，是用与应用程序、操作

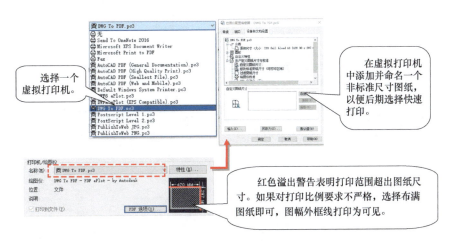

选择一个虚拟打印机。

在虚拟打印机中添加并命名一个非标准尺寸图纸，以便后期选择快速打印。

红色溢出警告表明打印范围超出图纸尺寸。如果对打印比例要求不严格，选择布满图纸即可，图幅外框线打印为可见。

图 4-19　打印机选项

PDF格式文件

JPG图像文件

图 4-20　虚拟打印机打印格式

系统、硬件无关的方式进行文件交换所发展出的文件格式。PDF 文件无论在哪种打印机上都可保证精确的颜色和准确的打印效果，即 PDF 会忠实地再现原稿的每一个字符、颜色以及图像。越来越多的电子图书、产品说明、公司文告、网络资料、电子邮件在使用 PDF 格式文件。

　　PDF 文件格式可以将文字、字型、格式、颜色及独立于设备和分辨率的图形图像等封装在一个文件中。该格式文件还可以包含超文本链接、声音和动态影像等电子信息，集成度和安全可靠性都较高。

【打印具有图幅线且比例相对准确的图纸】

　　默认情况下，ISO、ISO FULL BLEED、ISO EXPAND 打印出的尺寸相同，只不过图幅线与打印边缘留出的边距不同，常选择 ISO FULL BLEED 留出 1mm 边距打印出图幅线，打印出的比例误差符合国家标准（图 4-21 和图 4-22）。

【自定义图纸尺寸】

　　我们可以在图纸尺寸选项中选择系统内的标准尺寸图幅，也可以添加设定自己常用的一套图纸尺寸，当然也可以设置图纸图幅边线距打印边界的距离（图 4-23）。

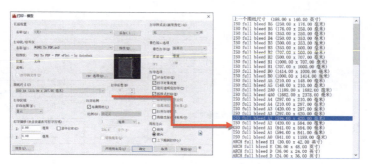

图 4-21　选择图纸尺寸

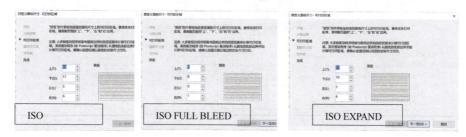

图 4-22　边距比较

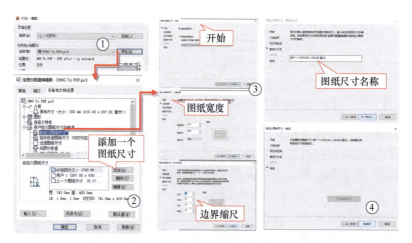

图 4-23　自定义图纸尺寸过程

【制作打印样式表】

单击按钮◢调出"打印机样式表编辑器"（图 4-24）。打印样式表有一系列与预设好的颜色相关的打印样式文件供选择。如"acad.ctb"表示默认打印样式、"monochrome.ctb"表示将所有颜色打印为黑色、"Grayscale.ctb"表示打印时将所有颜色转换为灰度、"Screening 100%.ctb"表示对所有颜色使用 100% 墨水。如果采用"无"，则一切按对象所在图层设置的宽度、颜色、线型打印。

通过"打印样式表编辑器"可对图形中的颜色、线型、打印控制进行编辑。无论图层控制器是否设定了线宽、颜色等特性，都可以通过"打印样式表编辑器"设定对象的颜色、灰度、画笔、线型、线宽等特性。如果想对图层中设定的线宽、颜色特性进行打印，可选择在编辑器"特性"中选择"选择对象线宽""使用对象颜色"等。最后编辑的结果可另存为一个"xx.ctb"文件,以便以后调用。但该编辑器对已经设定宽度后的PLINE线不起打印控制作用。

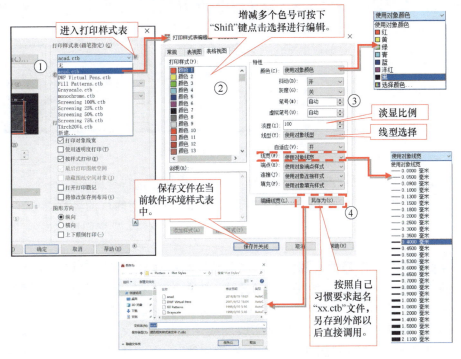

图4-24 打印样式

【注释特性】

注释性对象和缩放将根据图纸高度而非模型大小定义注释性对象并为其指定一个或多个比例。这些对象基于当前的注释比例设置进行缩放,并在布局中或打印时以正确尺寸自动显示。使用注释性很容易让同一图形的文字、标注文字、多重引线显示的高度在不同比例的布局视口里保持一致,也可以使填充样式跟随比例一起变化,使标高索引图块添加注释性并保持大小一致。在状态行 1:100 打开 按钮,可以在注释比例发生变化时将比例添加到注释性对象中。

一、创建注释性对象(图4-25)

二、将非注释性对象改变成注释性对象

1)若要将非注释性文字改变成注释性文字,只需在模型空间选中文字,在"特性"面板的"文字"里单击"注释性"下拉箭头,点选"是"即可。

2)若要将非注释性标注改变成注释性标注,只需在模型空间选中标注,在"特性"面板的"其他"里单击"注释性"下拉箭头,点选"是"即可。

3)若要将非注释性多重引线改变成注释性多重引线,只需在模型空间选中多重引线,在"特性"面板的"其他"里单击"注释性"下拉箭头,点选"是"即可。

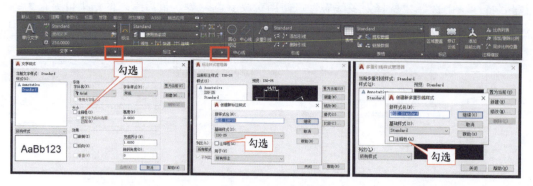

图 4-25 创建注释性对象

4）若要将非注释性块改变成注释性块，不要选中块，运行"block"命令，在"块定义"窗口单击"名称"下拉箭头，在下拉列表里点选要改变的块的名称，再在"方式"里勾选"注释性"，最后单击"确定"关闭窗口即可。在模型空间或布局空间都可以操作。

5）若要将单个非注释性块属性文字改变成注释性属性文字，只需在模型空间选中块，单击菜单栏的"修改"→"对象"→"属性"→"单个"，在"增强属性编辑器"窗口的"文字选项"页面里勾选"注释性"，再单击"确定"关闭窗口即可。

如果要将一批块的非注释性属性文字改变成注释性属性文字，不要选中块，单击菜单栏的"修改"→"对象"→"属性"→"块属性管理器"，在"块属性管理器"里单击块名称下拉箭头，在列表里点选要修改属性的块的名称，单击"编辑"，在随后弹出的"编辑属性"窗口的"文字选项"页面里勾选"注释性"，再两次单击"确定"关闭窗口即可。在模型空间或布局空间都可以操作。

6）将非注释性图案填充改变成注释性图案填充，只要在模型空间选中要改变的图案填充，在"特性"面板的"图案"里单击"注释性"下拉箭头，点选"是"即可。

任务二　在布局空间中打印出图

一、在布局空间中总图打印多张成套图纸

1. 打开图形文件，确认工作任务

打开"布局空间中总图打印多张成套图纸 .dwg"，如图 4-26 所示，任务要求按 1∶500 出以下种植成套图纸：上木种植设计平面图 1 张、上木种植尺寸放线图 1 张、下木种植设计平面图 1 张、下木种植尺寸放线图 1 张。

2. 确定图幅尺寸，并在布局空间中插入图纸

首先计算出出图比例为 1∶500，单击"布局 1"，切换到布局空间，选择默认视口，按"Delete"键将其删除。打开"A3 图框 .dwg"，该图框为按照 1∶1 比例绘制的 A3 图框，也可使用前面任务中已绘制的 A3 图框。选择图框，

在布局空间中
总图打印多张
成套图纸 1

图 4-26　布局空间中总图打印多张成套图纸

按"Ctrl+C"键复制图框。切换到"布局空间中一纸多比例打印.dwg"文件，按"Ctrl+V"键将 A3 图框复制到"布局 1"空间里，双击鼠标中间滚轮，使图框居中。

3. 绘制 1：500 视口

在布局空间中总图
打印多张成套图纸 2

在布局空间中总图
打印多张成套图纸 3

如图 4-27 所示，单击"布局"→"视口"→"矩形"，在 A3 图框内合适位置绘制矩形视口，单击鼠标左键确定矩形视口第一个角点。松开鼠标左键，往右下方拖动鼠标到合适位置，单击鼠标左键，完成矩形视口绘制。

注意：视口绘制于 depoints 图层上。

图 4-27　绘制矩形视口

双击视口内部，往上滚动鼠标滚轮放大或往下滚动鼠标滚轮缩小平面图比例，直至平面图在视口中间为止。如图 4-28 所示，单击"选定视口的比例"下拉箭头，往下滚动滚轮，选择自定义比例，弹出"编辑图形比例"对话框，如图 4-29 所示。单击"添加"按钮，弹出"添加比例"对话框。如图 4-30 所示。在"显示在比例列表中的名称"输入框内输入"1∶500"，将"图形单位"输入框内的"1"改为"500"，单击"确定"按钮，返回到"编辑图形比例"对话框，单击"确定"。如图 4-31 所示，单击"选定视口的比例"下拉箭头，选择 1∶500 比例，双击视口外侧，退出视口编辑模式。

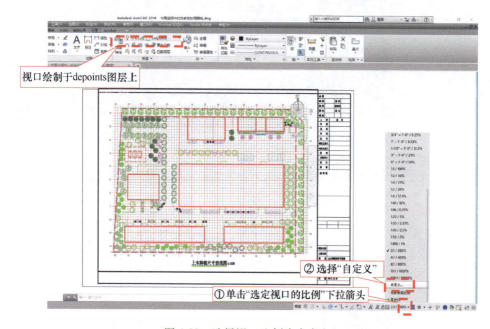

图 4-28　选择视口比例为自定义

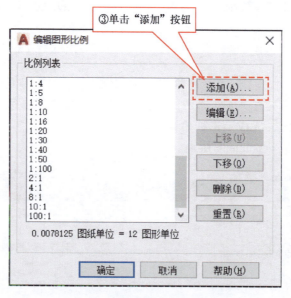

图 4-29　"编辑图形比例"对话框

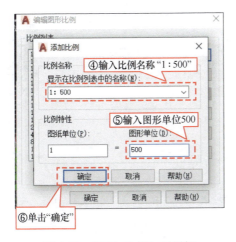

图 4-30　"添加比例"对话框　　　　　图 4-31　选择 1∶500 比例

如图 4-32 所示，选中视口，单击鼠标右键，选择"显示锁定"，勾选"是"，将视口锁定，防止比例在修改图纸过程中变动。

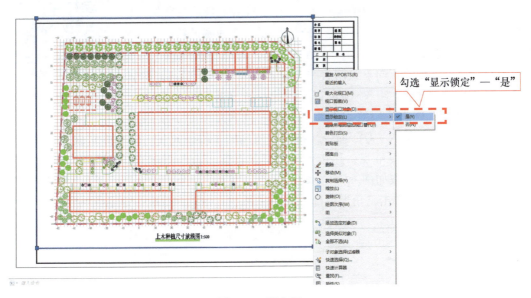

图 4-32　锁定视口

4. 在视口中冻结相关图层

双击视口内部，单击"图层"下拉窗口，依次将以下图层在视口中冻结："0-w 方格网""0-w 下木标注""0-w 下木轮廓""0-w 下木填充"（图 4-33）。

5. 插入图名

在图纸下方插入多行文字，启用注释性，输入文字大小为 6，选择字体为"宋体"，输入"上木种植设计平面图"，关闭文字编辑器（图 4-34）。

在文字下方绘制多段线，输入全局宽度为 0.7，向下偏移该多段线 1.5，选中下部多段线，单击鼠标右键，选择"特性"，弹出"属性"对话框，将全局宽度改为 0。

在布局空间中总图
打印多张成套图纸 4

173

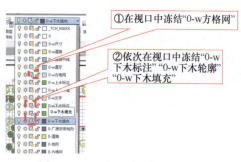

图 4-33　在视口中冻结相关图层

图 4-34　插入图名

6. 绘制指北针

单击"圆"工具或输入快捷键"C"，在图纸右上角单击鼠标左键确定圆心，输入圆的半径"12"，按"Enter"键，完成圆的绘制。开启"对象"捕捉，输入"PL"命令，绘制多段线，起点捕捉圆的上象限点，开启"正交"模式，向下绘制直线，输入"W"，按"Enter"键，在右下角对话框内输入"0"，确定直线的起点宽度为 0，按"Enter"键，再输入"0"，确定线段终点宽度也为 0，再捕捉圆的下象限点，

完成多段线的绘制。输入"O"命令，将刚才绘制的多段线向左、向右分别偏移 1.5，连接上象限点和左侧多段线下端点，连接上象限点和右侧多段线下端点。删除三条辅助竖向线段。输入"H"命令，或如图 4-35 所示，单击"默认"，选择"图案填充"。如图 4-36 所示，选择"拾取点"，单击三角形内部，选择"黑色"，按"Enter"键完成填充。

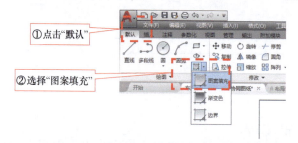

图 4-35　选择图案填充工具

如图 4-37 所示，选择"默认"→"文字"→"单行文字"，输入"北"，指北针绘制完成。选中指北针，将其移动到图层 0。

7. 上木种植设计平面图排版及打印出图

移动视口、标注及指北针至合适位置，完成上木种植设计平面图绘制（图 4-38）。

① 选择打印机和图幅尺寸：从菜单栏选择"文件"→"打印"，或

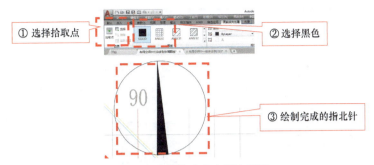

图 4-36　选择拾取点和黑色图案

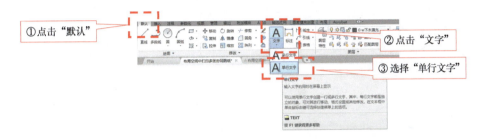

图 4-37　选择"单行文字"工具

图 4-38　调整后的排版

在"输出"面板中单击"打印"按钮，或在命令行输入"PLOT"，或按"Ctrl+P"键，调出"打印-布局1"窗口，根据自己的周边设备情况选择打印机。这里选择 DWG To PDF.pc3 虚拟打印机，选择国际标准"ISO full bleed A3"图幅，尺寸为"420.00×297.00毫米"，图纸方向选择"横向"（图 4-39）。

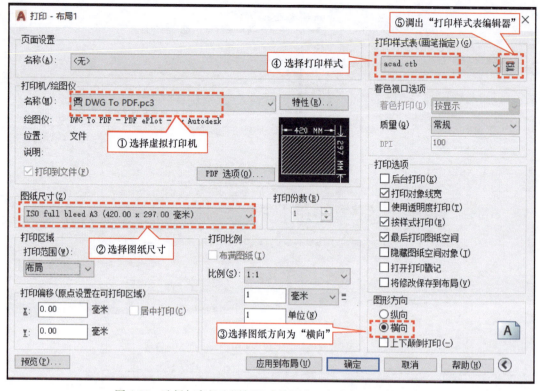

图 4-39　选择打印机和图幅尺寸并调出"打印样式表编辑器"

②调整打印样式：选择打印样式为"acad.ctb"，选择 调出"打印样式表编辑器"，如图 4-40 所示，当前颜色为"使用对象颜色"。结合"Shift 键"选取全部颜色，在"特性"选项栏"颜色"中选"黑"，确保打印出的颜色为黑白。

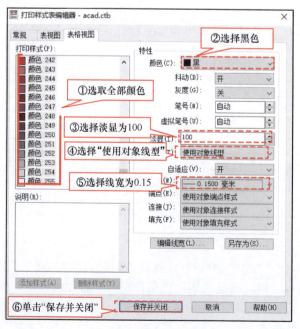

图 4-40　调整打印样式

如图 4-40 所示，选择淡显为 100，线型已在图层中设好，保持默认设置，即为"使用对象线型"。将全部颜色线宽设为 0.15；选择颜色 2"线宽"选项选 0.25；颜色 251"线宽"选项选 0，淡显 70，单击"保存并关闭"。

③ 选择图纸打印范围及比例：如图 4-41 所示，打印范围选择"窗口"方式，单击"窗口"，如图 4-42 所示选择打印范围为 A3 图纸的对角点，勾选"居中打印"和"布满图纸"。

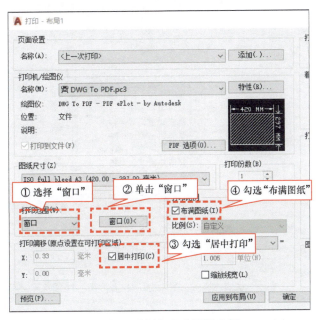

图 4-41　选择打印范围及比例

④ 图纸打印：如图 4-43 所示，单击"打印预览"，然后单击"打印"，输出文件为 PDF 格式。文件传到任意打印机按图幅打印即可打印出 A3 图纸。

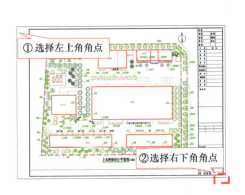

图 4-42　选择打印范围

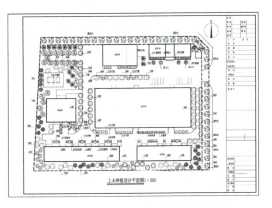

图 4-43　上木种植设计平面图打印预览

8. 上木种植放线图打印出图

如图 4-44 所示，复制三个排版完成的上木放线平面图，将第一个图名改为"上木种植放线图"，双击进入视口编辑，如图 4-45 所示，在当前视口中冻结"0-w 上木标注"图层，解冻"0-w 方格网"图层。

图 4-44　复制三个排版完成的上木放线平面图

在布局空间中总图
打印多张成套图纸 8

在布局空间中总图
打印多张成套图纸 9

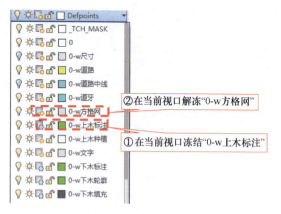

图 4-45　上木种植放线图冻结或解冻相关图层

　　按"Ctrl+P"键调出"打印"对话框，如图 4-46 所示。在"页面设置"下拉框中选择"上一次打印"，单击"窗口"按钮，选择"上木种植放线图"图框对角线，单击"打印预览"，如图 4-47 所示，然后单击打印，输出文件为 PDF 格式。文件传到任意打印机按图幅打印即可打印出 A3 图纸。

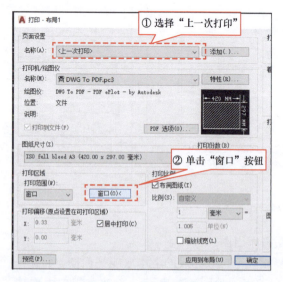

图 4-46　页面设置并选择打印区域

9. 下木种植设计平面图打印出图

将复制完成的第二个图名改为"下木种植设计平面图"，双击进入视口编辑。如图 4-48 所示，在当前视口中冻结"0-w 上木标注"图层和"0-w 上木种植"图层，解冻"0-w 下木标注"图层、"0-w 下木轮廓"图层和"0-w 下木填充"图层。

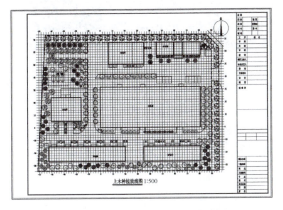

图 4-47　上木种植放线图打印预览

①在当前视口冻结相关图层
②在当前视口解冻相关图层

图 4-48　下木种植设计平面图冻结或解冻相关图层

按"Ctrl+P"键调出"打印"对话框，在"页面设置"下拉框中选择"上一次打印"，单击"窗口"按钮，选择"下木种植设计平面图"图框对角线，单击"打印预览"，如图 4-49 所示，然后单击"打印"，输出文件为 PDF 格式。

10. 下木种植放线图打印出图

将复制完成的第三个图名改为"下木种植放线图"，双击进入视口编辑，在当前视口中冻结"0-w 上木标注"图层和"0-w 上木种植"图层，在当前视口中解冻"0-w 下木轮廓"图层和"0-w 方格网"图层。

按"Ctrl+P"键调出"打印"对话框，在"页面设置"下拉框中选择"上一次打印"，单击"窗口"按钮，选择"下木种植放线图"图框对角线，单击"打印预览"，如图 4-50 所示，然后单击"打印"，输出文件为 PDF 格式。

在布局空间中
总图打印多张
成套图纸 10

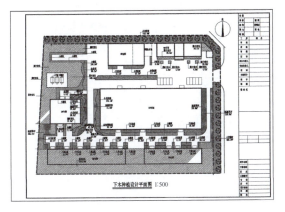

图 4-49　下木种植设计平面图打印预览

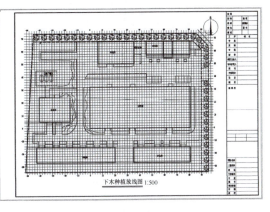

图 4-50　下木种植放线图打印预览

179

二、在布局空间中一纸多比例打印出图

1. 打开图形文件，确认工作任务

打开"布局空间中一纸多比例打印 .dwg"，如图 4-51 所示，图中 A2 图幅给了 1 个生态停车位平面大样、1 个 1—1 生态停车位做法详图和 1 个矮墙坐凳做法。任务要求生态停车位平面大样按 1∶50 出图，1—1 生态停车位做法详图按 1∶20 出图，矮墙坐凳做法按 1∶10 出图。

在布局空间中一纸
多比例打印出图 1

2. 在布局空间中插入 A2 图纸

单击"布局 1"，切换到布局空间，选择默认视口，按"Delete"键将其删除。打开"A2 图框 .dwg"，该图框为按照 1∶1 比例绘制的 A2 图框，也可使用前面任务已绘制的 A2 图框。选择图框，按"Ctrl+C"键复制图框。切换到"布局空间中一纸多比例打印 .dwg"文件，按"Crtl+V"键将 A2 图框复制到"布局 1"空间里，双击鼠标中间滚轮，使图框居中，如图 4-52 所示。

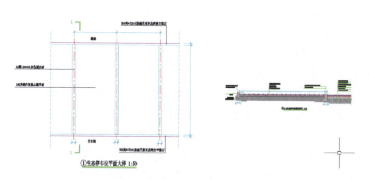

图 4-51　布局空间中一纸多比例打印图纸

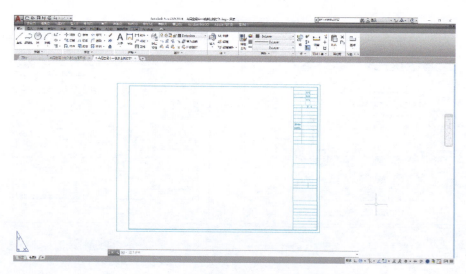

图 4-52　在布局空间中插入 A2 图纸

3. 绘制 1∶50 视口

如图 4-53 所示，单击"布局"→"视口"→"矩形"，根据排版需要，在 A2 图框内合适位置绘制矩形视口，单击鼠标左键确定矩形视口第一个角点。松开鼠标左键，往右下拖动鼠标到合适位置，单击鼠标左键，完成矩形视口绘制。

注意：视口绘制于 depoints 图层上。

双击视口内部，往上滚动鼠标滚轮放大或往下滚动鼠标滚轮缩小"生态停车位平面

在布局空间中一纸多比例打印出图 2

在布局空间中一纸多比例打印出图 3

大样"比例，直至"生态停车位平面大样"图在视口中间为止，如图 4-54 所示。单击"选定视口的比例"下拉箭头，选择 1∶50 比例，双击视口外侧，退出视口编辑模式。

图 4-53　绘制矩形视口

图 4-54　调整视口比例为 1∶50

如图 4-55 所示，选中视口，单击鼠标右键，选择"显示锁定"，勾选"是"，将视口锁定，防止比例在修改图纸过程中变动。调整视口边界，防止露出多余图形。

4. 绘制 1∶20 视口

单击"视口"→"矩形"，根据排版需要，在 depoints 图层上绘制矩形视口。

在布局空间中一纸多比例打印出图 4

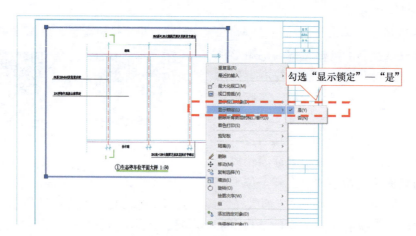

图 4-55　视口锁定

双击视口内部，将"1—1 生态停车位做法详图"比例调至 1∶20，双击视口外侧，退出视口编辑模式（图 4-56）。

选中视口，单击鼠标右键，选择"显示锁定"，勾选"是"，将视口锁定，调整视口边界，防止露出多余图形。

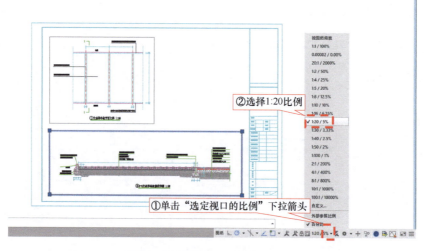

图 4-56　调整视口比例为 1∶20

5. 绘制 1∶10 视口

单击"视口"→"矩形"，根据排版需要，在 depoints 图层上绘制矩形视口。

双击视口内部，将"矮墙坐凳做法"比例调至 1∶10，双击视口外侧，退出视口编辑模式。

选中视口，单击鼠标右键，选择"显示锁定"，勾选"是"，将视口锁定，调整视口边界，防止露出多余图形。

在布局空间中一纸多比例打印出图 5

6. 调整视口位置

如图 4-57 所示，选中视口进行移动，调整三个视口的位置，使排版更加美观。

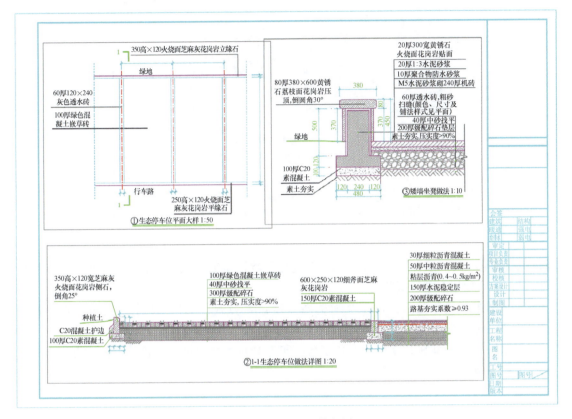

图 4-57 调整后的排版图

7. 打印出图

① 选择打印机和图幅尺寸：从菜单栏选择 "文件"→"打印"，或在 "输出" 面板中单击 "打印" 按钮，或在命令行输入 "PLOT"，或按 "Ctrl+P" 键，调出 "打印-布局" 窗口，根据自己的周边设备情况选择打印机。这里选择 DWG To PDF.pc3 虚拟打印机，选择国际标准 "ISO full bleed A2" 图幅，尺寸为 "594.00×420.00 毫米"（图 4-58）。

在布局空间中一纸多比例打印出图 6

在布局空间中一纸多比例打印出图 7

② 调整打印样式：选择打印样式为 "acad.ctb"，选择 调出 "打印样式表编辑器"，当前颜色为 "使用对象颜色"。结合 "Shift" 键选取全部颜色，在 "特性" 选项栏 "颜色" 中选 "黑"，确保打印出的颜色为黑白。

将全部颜色线宽设为 0.25。选择品红色（颜色 6），"线宽" 选项选 0.70。选择颜色 8，"线宽" 选项选 0.09，"淡显" 选项为 80%。选择蓝色（颜色 4），"线宽" 选项选 0.35。选

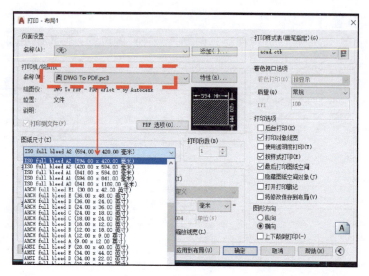

图4-58　选择打印机和图幅尺寸

择黄色（颜色2），"线宽"选项选0.4，其他保持默认0.25。线型已在图层中设好，保持默认设置，即"使用对象线型"。

③ 选择图纸打印范围：打印范围选择"窗口"方式，选择A2图纸的对角点，勾选"居中打印"和"布满图纸"。

④ 图纸打印：如图4-59所示，预览后打印为PDF格式文件。文件传到任意打印机均可打印出A2图纸。

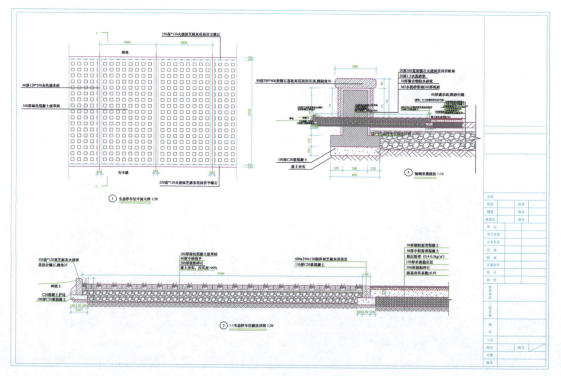

图4-59　A2图纸打印预览

工 作 手 册

> 【在布局空间出图】
> 【新建、移动、复制和重命名布局】
> 【将布局空间调成黑色背景】
> 【设置多边形和圆形视口】
> 【视口内模型空间和布局空间的切换】
> 【打印视口时不打印视口边界】
> 【虚线打印出来变成实线时的解决办法】

【在布局空间出图】

我们通常会在模型空间中按照实际尺寸绘图，而布局空间通常用来排图打印。布局空间提供了虚拟的纸张，可以通过视口将模型空间按一定比例大小缩放到纸张上，也可以在布局空间中进行标注、插入图框。一个布局空间可以放置多个图框，就相当于多张图纸，每个图框中又可以放置多个视口，这些视口可以大小不同、形状不同、比例不同，这些都取决于出图的需要。视口内显示的是模型空间绘制图形的全部或一部分。图纸处于布局空间时，可以绘制三维模型，但无法调整视图方向。当进入视口，也就是进入布局空间后，操作和模型空间完全相同，只是图形被视口边界裁剪了。

布局空间出图打印相对于模型空间的好处在于，当需要调整不同比例时，只需调整视口比例即可，不需要缩放图框，并且可以反复调用同一模型空间内的图形。目前多数设计人员选择在模型空间中绘制对象，在布局空间中排版打印。

【新建、移动、复制和重命名布局】

① 新建布局：单击"布局 2"右侧的"+"，新建布局；也可以将光标置于"布局 2"上，再单击鼠标右键，弹出"新建布局"选项，单击"新建布局"。

② 移动布局：如图 4-60 所示，当需要把布局 2 移到布局 1 前面时，鼠标右键单击"布局 2"，选择"移动或复制（M）"，跳出窗口，单击"布局 1"并单击"确定"即可。

③ 复制布局（图 4-61）：鼠标右键单击需要复制的布局，选择"移动或复制（M）"，在跳出的窗口的左下角勾选"创建副本"复选框，选择要放的位置。例如，放在布局 1 前面，就选"布局 1"；如果要放在最后面，就选"移到结尾"，单击"确定"。

④ 重命名布局：双击需要修改名称的布局，然后输入新布局名称；也可以用鼠标右键单击需要修改名称的布局，选择"重命名"，然后输入新布局名称。

【将布局空间调成黑色背景】

1）在命令行输入"OP"，进入"选项"页面。

2）在"选项"页面单击"显示"选项卡（图 4-62）。在"显示"选项卡中单击"颜色"，进入"图形窗口颜色"（图 4-63）。

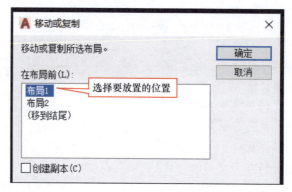

图 4-60 移动布局

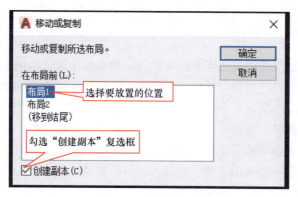

图 4-61 复制布局

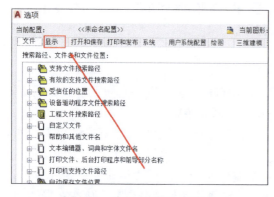

图 4-62 单击"显示"选项卡

图 4-63 在"显示"选项卡中单击"颜色"

3）选择需要更改的颜色（图 4-64），单击"应用并关闭"，完成更改（图 4-65）。

【设置多边形和圆形视口】

在有些图纸中需要创建不规则形状的视口，例如局部大样图，此时可以先用"多段线（Pline）"绘制好封闭的视口形状，然后启动"新建视口（vports）"命令，选择选项："O（对象）"，再选择绘制好的多段线，创建不规则的视口。此外，也可以利用"新建视口"的"多边形（P）"选项直接绘制多边形窗口。

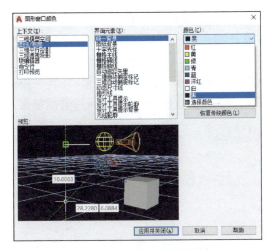

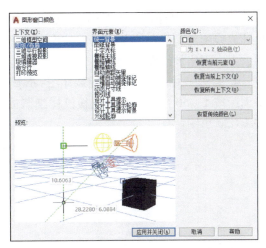

图 4-64　选择需要更改的颜色　　　　图 4-65　单击"应用并关闭"，完成更改

【视口内模型空间和布局空间的切换】

双击视口范围以内或用"MS"命令从图纸空间进入模型空间，使用"缩放""平移"等工具使需要打印的部分显示在图框范围内。通常在绘图时就要考虑最终的出图比例，从而合理设置图中文字或设备图块的大小，否则最后可能出现打印出来文字过大或过小的情况。

双击视口范围以外或用"PS"命令从模型空间退回布局空间，也可以单击状态栏的"模型/图纸"切换按钮。

【打印视口时不打印视口边界】

如果一张图中有多个视口，打印时视口线也会打印出来，解决的办法是把这部分视口放置在 depoints 图层中（该图层中的对象不会被打印出来）。如果其他图层中的对象也不想被打印出来，可在"图层管理器"中单击对应图层后面的"打印"符号，使其出现红"×"或斜杠。

【虚线打印出来变成实线时的解决办法】

有时在模型空间设置的线型是虚线，在图纸空间显示的却是实线，这是线型比例问题，要从图纸空间进入模型空间，用"RE"命令刷新；如果还没有正常显示，就选择该虚线，根据视口比例调整其线型比例；有时一次调整不好，就需要多调整几次，直到符合要求为止。

如果线型比例过大过小，在模型空间都会显示不出线型来，建议虚线用颜色来区分。

课后练习

1. 制作一个打印样式表。
2. 打开"模型空间单比例打印 .dwg"，将标注修改为注释性，按 1 : 50 出图。

3. 打开"某园区景观总图"，要求按 1∶300 分别出以下图纸：总平面及竖向设计图、尺寸放线图、坐标定位及网格放线图、上木种植设计图、上木网格放线图、下木种植设计图、下木网格放线图。

4. 打开"中心广场特色铺装详图 . dwg"，要求出一张 A2 图纸，其中心广场特色铺装平面图按 1∶50 出图，特色铜板纹样细节放线按 1∶20 出图，1—1 中心广场特色铺装做法按 1∶20 出图。

综合实训

一、教学目的

通过实际工程案例进行 CAD 绘制综合实训，使学生可以接触到真实园林工程实例，从简单的图形绘制到最后的打印输出，完成整套园林工程图纸。

二、教学任务

根据需要绘制木亭和传达室建筑平、立、剖面图，并打印给定条件图纸内容。

1. 按给定条件抄绘图纸，平、立、剖面图比例采用 1∶50，详图采用 1∶20。

2. 要求线型、字体、尺寸应符合我国现行建筑制图国家标准。不同的图线应放在不同的图层上，尺寸放在单独的图层上。

3. 插入适合本绘图环境并符合国家标准的图框，打印 PDF 文件并输出纸质图纸。

三、学习任务考核表

综合实训	考核点	考核内容	分值
中间过程 （70分）	出勤率	1. 迟到一次扣1分，旷课总分扣5分 2. 缺课1/3学时该环节不计分	
	训练表现	1. 学习态度端正 2. 积极思考问题、动手能力强 3. 独立完成	10分
	满足要求	1. 满足任务书要求 2. 符合国家有关制图标准要求	10分
	电子文件	CAD：图层设置清晰有秩序。索引、外部尺寸线、内部尺寸线、轴线编号、材料图例、文字说明、图名等内容齐全。墙体、窗户等图样标准、齐全	50分
		PDF：线条宽度层次分明，字体端正整齐统一。线型、文字高度、比例规范。尺寸标注齐全	
成果表达 （30分）	成果提交及时性	是否能准时交图，迟交一天扣5分	15分
	纸质成果	图册装订封面齐全美观，表达规范	15分
		综合评分	

（图签中"审核""校对""设计"栏分别更换为"班级""姓名""学号"）

四、条件图

1. 木亭平、立、剖面图及详图（实训图 1 和实训图 2）

2. 传达室平、立、剖面图（实训图 3）

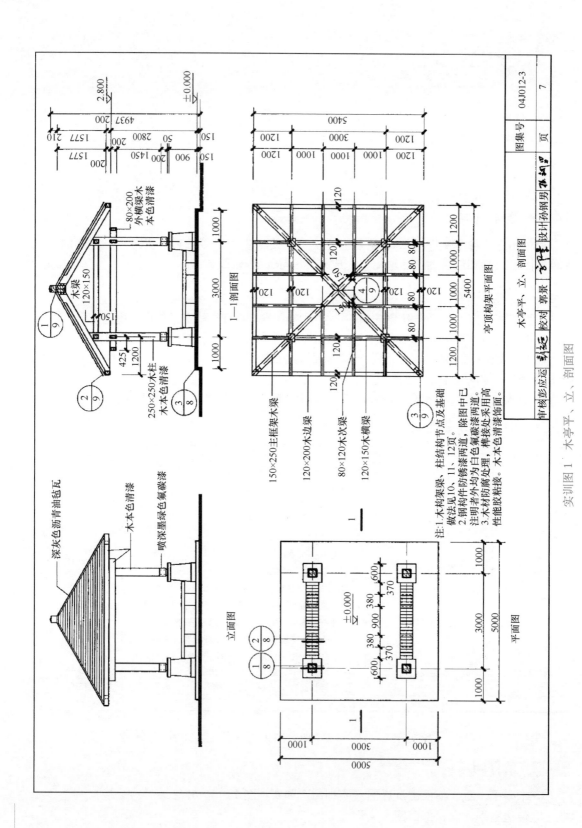

实训图 1 木亭平、立、剖面图

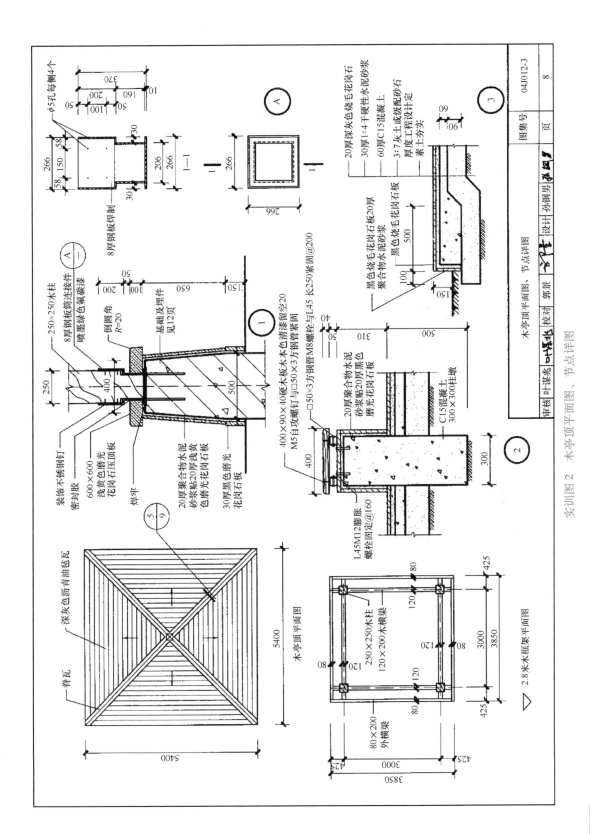

实训图 2　木亭顶平面图、节点详图

木亭顶平面图、节点详图

图集号　04J012-3

页　8

审核　叶谋兆　校对　郭景　设计　孙钢男

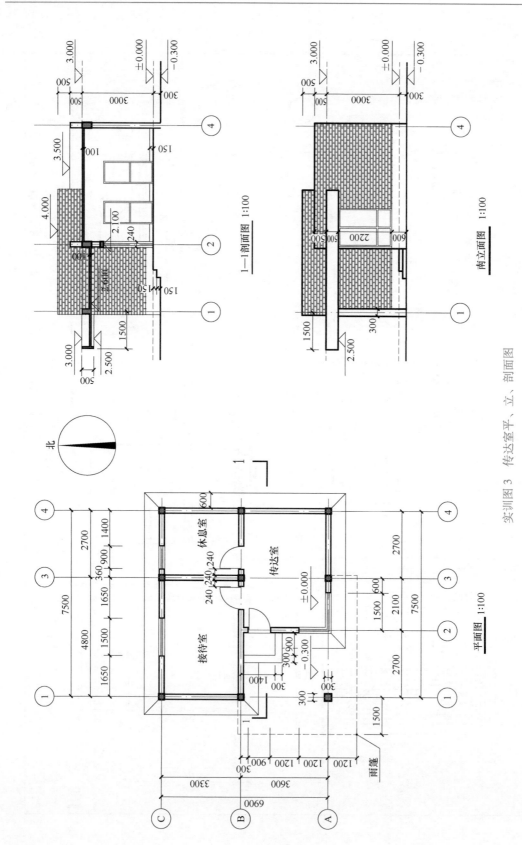

实训图 3　传达室平、立、剖面图

常用命令与快捷方式

1. 绘图命令

PO，＊POINT（点）

L，＊LINE（直线）

XL，＊XLINE（射线）

PL，＊PLINE（多段线）

ML，＊MLINE（多线）

SPL，＊SPLINE（样条曲线）

POL，＊POLYGON（正多边形）

REC，＊RECTANG（矩形）

C，＊CIRCLE（圆）

A，＊ARC（圆弧）

DO，＊DONUT（圆环）

EL，＊ELLIPSE（椭圆）

REG，＊REGION（面域）

T，MT，＊MTEXT（多行文本）

DT，＊TEXT（单行文本）

B，＊BLOCK（块定义）

I，＊INSERT（插入块）

W，＊WBLOCK（写块）

DIV，＊DIVIDE（等分）

ME，＊MEASURE（定距等分）

H，＊HATCH（填充）

2. 修改命令

CO，＊COPY（复制）

MI，＊MIRROR（镜像）

AR，＊ARRAY（阵列）

O，＊OFFSET（偏移）

RO，＊ROTATE（旋转）

M，＊MOVE（移动）

E，"Delete"键，＊ERASE（删除）

X，＊EXPLODE（分解）

TR，＊TRIM（修剪）

EX，＊EXTEND（延伸）

S，＊STRETCH（拉伸）

LEN，＊LENGTHEN（直线拉长）

SC，＊SCALE（比例缩放）

BR，＊BREAK（打断）

CHA，＊CHAMFER（倒角）

F，＊FILLET（倒圆角）

PE，＊PEDIT（多段线编辑）

ED，＊TEXTEDIT（修改文本）

3. 视窗缩放

P，＊PAN（平移）

Z+空格键+空格键，（实时缩放）

Z（局部放大）

Z+P（返回上一视图）

Z+E（显示全图）

Z+W（显示窗选部分）

4. 尺寸标注

DLI，∗DIMLINEAR（直线标注）

DAL，∗DIMALIGNED（对齐标注）

DRA，∗DIMRADIUS（半径标注）

DDI，∗DIMDIAMETER（直径标注）

DAN，∗DIMANGULAR（角度标注）

DCE，∗DIMCENTER（中心标注）

DOR，∗DIMORDINATE（点标注）

LE，∗QLEADER（快速引出标注）

DBA，∗DIMBASELINE（基准标注）

DCO，∗DIMCONTINUE（连续标注）

D，∗DIMSTYLE（标注样式）

DED，∗DIMEDIT（编辑标注）

DOV，∗DIMOVERRIDE（替换标注系统变量）

DAR，∗DIMARC（弧度标注，Auto-CAD 2006）

DJO，∗DIMJOGGED（折弯标注，Auto-CAD 2006）

5. 对象特性

ADC，"Ctrl+2"键，∗ADCENTER（设计中心）

CH，PR，MO，"Ctrl+1"键，∗PROPERTIES（修改特性）

MA，∗MATCHPROP（属性匹配）

ST，∗STYLE（文字样式）

COL，∗COLOR（设置颜色）

LA，∗LAYER（图层操作）

LT，∗LINETYPE（线型）

LTS，∗LTSCALE（线型比例）

LW，∗LWEIGHT（线宽）

UN，∗UNITS（图形单位）

ATT，∗ATTDEF（属性定义）

ATE，∗ATTEDIT（编辑属性）

BO，∗BOUNDARY（边界创建，包括创建闭合多段线和面域）

AL，∗ALIGN（对齐）

EXIT，∗QUIT（退出）

EXP，∗EXPORT（输出其他格式文件）

IMP，∗IMPORT（输入文件）

OP ∗OPTIONS（自定义 CAD 设置）

PRINT，∗PLOT（打印）

PU，∗PURGE（清除垃圾）

RE，∗REGEN（重新生成）

REN，∗RENAME（重命名）

SN，∗SNAP（捕捉栅格）

DS，∗DSETTINGS（设置栅格和捕捉、极轴追踪和对象捕捉模式）

OS，∗OSNAP（草图设置）

PRE，∗PREVIEW（打印预览）

TO，∗TOOLBAR（自定义用户界面）

V，∗VIEW（命名视图）

AA，∗AREA（面积）

DI，∗DIST（距离）

LI，∗LIST（显示图形数据信息）

参 考 文 献

［1］ 周涛，吴军. 园林计算机绘图教程［M］. 北京：机械工业出版社，2006.

［2］ 张喆，杨其建，王芳. 建筑 CAD 项目化教程（AutoCAD 2014） ［M］. 武汉：华中科技大学出版社，2015.